U0313201

洱海流域

农业面源污染规模化防控运行机制

罗良国 王娜娜 王 艳 等著

图书在版编目（CIP）数据

洱海流域农业面源污染规模化防控运行机制 / 罗良国等著 . —北京：中国发展出版社，2019.7

ISBN 978-7-5177-1020-2

Ⅰ . ①洱… Ⅱ . ①罗… Ⅲ . ①洱海–流域–农业污染源–面源污染–污染防治–研究 Ⅳ . ① X501

中国版本图书馆 CIP 数据核字（2019）第 132402 号

书　　名：洱海流域农业面源污染规模化防控运行机制
著作责任者：罗良国　王娜娜　王　艳 等
出 版 发 行：中国发展出版社
（北京市西城区百万庄大街 16 号 8 层　100037）
标 准 书 号：ISBN 978-7-5177-1020-2
经　销　者：各地新华书店
印　刷　者：河北鑫兆源印刷有限公司
开　　本：710mm × 1000mm　1/16
印　　张：12
字　　数：128 千字
版　　次：2019 年 7 月第 1 版
印　　次：2019 年 7 月第 1 次印刷
定　　价：49.00 元

联 系 电 话：（010）68990630　68990692
购 书 热 线：（010）68990682　68990686
网 络 订 购：http://zgfzcbs. tmall. com//
网 购 电 话：（010）88333349　68990639
本 社 网 址：http://www.develpress. com. cn
电 子 邮 件：370118561@qq. com

本课题组成员：

罗良国　王娜娜　王　艳

潘亚茹　刘宏斌　段艳涛

前　言

Preface

在洱海流域，无论是种植业还是养殖业，小农生产模式始终是农业面源污染根治的障碍。水旱轮作和奶牛分散养殖是洱海流域两大主导农业产业，也是洱海农业面源污染的来源。围绕水旱轮作和奶牛分散养殖引起的洱海流域农业面源污染两大突出问题，如何将环境友好型农业技术从零散应用转化为规模化应用，达到预期的环境保护目标，特别需要有针对性的深入研究实现洱海流域农业面源污染防控规模化的组织模式与运行机制，以促进洱海流域农业生产方式转变、农业生产结构优化，遏制洱海富营养化程度进一步恶化。这不仅是保护洱海水环境安全的重大举措，也是云南省大理白族自治州科技发展的重大需求，对保护洱海水环境具有重要意义。

本书主要阐述基于洱海流域已集成与验证示范的环保农业清洁技术模式，如奶牛粪便的肥料化和基质化、生态循环种养一体化、化肥农药减量化、有机无机肥配合施用和生态农田种养结合等，在规模应用缺乏配套激励机制及政策的背景下，依据新时代农业产业结构调整优化和供给侧改革需求以及农业面源污染防控治理需求，遵循“种养一体化、废物资源化、科技产业化和应用规模化”的指导思想，依靠政府及相关农业主管部门的支持，围绕公司、专业合作社等涉农规模经营主体，建立多方参与、协同推进的流域农业面源污染防控的组织模式和管理机制，即“政府主导—企业支撑—农民主体参与”的洱海流域农业面源污染防控规模化组织运行模式，形成“污染防控—绿色发展—合作共赢”的各方利益链结运行机制（即分散养殖区畜禽粪便高效收集机制和订单引领型农田清洁生产高效推广机制），来助推环保农业技术模式在洱海流域规模化、规范化全面应用，并带动小农一同迈入环保农业生产规模经营可持续发展道路。

其中，《洱海流域分散养殖区畜禽粪便高效收集模式运行机制》主要是基于对洱海流域典型农业企业顺丰肥料企业有机肥生产成本效益精准分析、普通奶农（散养农户）参与奶牛粪便集中收集处理意愿以及生产季农家肥自用需求的时令性与有机肥价格可承受性分析，结合洱海流域农业面源污染防治“十三五”规划和洱海保护抢救模式新要求而提出，旨在为洱海流域分散养殖污染减排提供有力的机制支撑。《洱海流域订单引领型农田清洁生产高效推广模式运行机制》是基于对洱海流域农田种植业生产成本效益精准分析、对不同农业经营主体愿望与诉求调研分析，结合洱海流域农业面源污染防治“十三五”规划、洱海保护抢救模式新要求和国家供给侧改革需求，提出由传统粗放型农业向清洁农业适度规模经营方式转变的订单型农田清洁生产高效推广机制，旨在为洱海流域农田面源污染减排提供有力的机制支撑。相关政策建议主要包括强化种养适度规模经营主体实施环保行动与实现环保效果的激励机制和强化种养适度规模经营硬件(场地/设施）、软件（品牌与市场）扶持政策，具体涉及强化环保农业补贴支持政策立法化、农业面源污染防控人才培养和财政倾斜扶持政策等9项政策建议。

本书分为五章，第一章为绪论，第二章为洱海流域种养殖业及其面源污染情况，第三章为洱海流域农业面源污染防控现有政策，第四章为洱海流域奶农与种植户环保实践实证案例分析，第五章为洱海流域农业面源污染规模化防控运行机制与政策建议。

本书是“十二五”水体污染控制与治理科技重大专项课题（2014ZX07105-001）研究成果，主要完成人为罗良国、王娜娜、王艳、潘亚茹、刘宏斌、段艳涛。本书通过大量的实地调研，运用相关统计学方法和计量经济学方法，结合案例分析研究，凝练提出了一系列保障机制和政策建议，可以为国家相关决策机构或研究组织种植业源和养殖业源污染问题预防与治理提供借鉴与参考。敬请各位专家、学者批评指正。

目　录

Contents

第一章　绪论

1 研究背景与意义……003

2 农业规模化经营研究现状……006

2.1 农业规模化经营涵义界定……006

2.2 国外农业规模化经营……008

2.3 国内农业规模化经营实践……009

2.4 农业规模经营与农业面源污染防控……014

3 研究目标与研究内容……016

3.1 研究目标……016

3.2 研究内容……017

4 研究方法与技术路线……018

第二章　洱海流域种养殖业及其面源污染情况

1 种植业情况 ……………………………………………… 023

2 养殖业情况 ……………………………………………… 025

3 洱海流域农业面源污染情况 …………………………… 027

第三章　洱海流域农业面源污染防控现有政策

1 洱海流域农业面源污染综合性防控政策 ……………… 034

2 洱海流域养殖业源污染防控政策 ……………………… 037

3 洱海流域种植业源污染防控政策 ……………………… 040

第四章　洱海流域奶农与种植户环保实践实证案例分析

1 洱海流域农区受访农户的环保认知、意愿及行动 ………… 045

1.1　受访农户特质及家庭特征 ……………………………… 046

1.2　受访农户环保认知 ……………………………………… 047

2 洱海流域农区受访农户种养环节成本效益分析……………061

2.1 受访奶农牛粪清理运送成本比较……………061

2.2 收集站与村收集池有机肥生产成本比较……………064

2.3 散养户奶牛养殖成本效益……………066

2.4 散养与适度规模奶牛养殖成本效益……………067

2.5 双孢菇种植成本效益……………072

2.6 不同规模经营水稻生产成本效益……………073

2.7 不同规模经营大蒜生产成本效益……………076

2.8 不同规模稻、蒜种植化肥N投入量分析……………078

3 洱海流域农区受访农户环保支付意愿及影响因素分析……083

3.1 条件价值法……………083

3.2 样本基本特征及平均支付意愿计算……………086

3.3 变量设定及说明……………088

3.4 模型估计结果……………088

3.5 结果分析……………092

3.6 结论与政策启示……………093

4 洱海流域受访奶农牛粪规模化处理意愿Logistic模型影响因素分析……………096

4.1 理论分析与研究假设……………097

4.2 问卷设计和调查抽样……………100

4.3 变量定义……………101

4.4 模型构建与回归分析 ······ 104
4.5 主要结论及启示 ······ 109

5 洱海流域受访奶农分担养殖粪便村收集池成本意愿及支付强度影响因素 ······ 112
5.1 数据来源 ······ 113
5.2 解释变量的设定及描述性统计 ······ 114
5.3 模型设定 ······ 118
5.4 结果与分析 ······ 121
5.5 结论与政策建议 ······ 126

6 不同奶牛养殖合作社运作形式比较 ······ 128
6.1 不同运作形式比较 ······ 128
6.2 结论和建议 ······ 132

第五章 洱海流域农业面源污染规模化防控运行机制与政策建议

1 洱海流域分散养殖区畜禽粪便高效收集模式运行机制 ······ 144
1.1 洱海流域分散养殖区畜禽粪便高效收集模式 ······ 144
1.2 运行机制 ······ 145

2 洱海流域订单引领型农田清洁生产高效推广模式运行机制 ……148
2.1 洱海流域订单引领型农田清洁生产高效推广组织模式 ……148
2.2 运行机制 ……149
3 农业面源污染规模化防控运行机制政策建议 ……152
3.1 强化适度规模经营主体实施环保行动与实现环保效果的激励机制 ……152
3.2 强化适度规模经营硬件（场地/设施）软件（品牌与市场）扶持政策 ……153
3.3 促进洱海流域农业面源污染规模化防控全面、系统化政策建议 ……153
参考文献 ……161

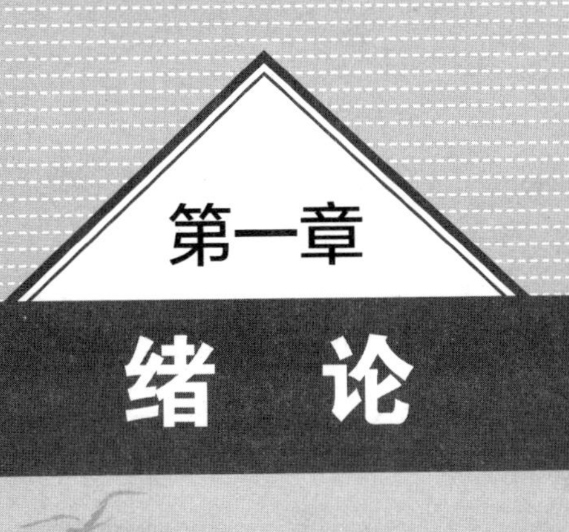

第一章 绪论

1 研究背景与意义

洱海是云贵高原上的第二大淡水湖泊，湖泊面积约250平方千米，是大理人民的生命之源，是大理州赖以生存和发展的基础。洱海流域地跨大理市和洱源县，包括18个乡镇、6个行政村，流域面积2565平方千米，流域耕地面积42万亩，是滇西地区重要的粮经作物主产区和畜禽养殖基地（曹洪华和王荣成等，2014）。伴随洱海流域种养业的快速发展，洱海水质从20世纪90年代的Ⅱ～Ⅲ类下降到现在的Ⅲ～Ⅳ类，由贫营养型逐步过渡到中营养型，局部区域向着富营养型发展，呈现出严峻恶化的趋势。洱海流域农业面源污染具有点多、面广、量大、治理难度大、难监测的特征，使得污染防治形势面临极大的挑战。最近几年，虽然大理州及其市县地方政府在水环境点源、面源污染防控方面做了大量工作，取得了一定的效果，但洱海流域水污染治理和水环境质量改善并非一朝一夕、一蹴而就能从根本上解决的，在未来相当长的时期内还需坚持对面源污染的防控与治理，配以长效政策机制的全面推进。如开展奶牛散养养殖和合作社规模养殖相关成本收益、养殖粪污集中规模化处理和“村镇牛粪收集池”建设、奶农支付意愿及其支付强度影响因素等内容的调查研究，以探讨多元化的牛粪收集模式、运行机制和生态补偿政策；开展水旱轮作制下不同经营主体在水稻和大蒜种植中的环保意愿、相关成本收益及N（氮）投入量对比分析研究，进而探究农户采用环境友好型农业技术的影响因素，更深入地了解种植户减施化肥和增施有机肥以及土地转出意愿强弱程度及其影响因素；结合对洱海流域典型涉农企业或种植合作社经营模式的分析，探讨种植业规模经营主体可持续发展组织模式及政策机制，为洱海流域农业面源污染规模化防控，提供政策机制支持。

国际上对农业面源的污染防控，更加侧重基于环保实践行动及其达到的环保效果给予积极的支持政策（如补贴补偿政策等）。要满足环保效果才给予支持，唯有规模化的环保实践才更容易达到规模环保效果。而我国当下已有许多鼓励适度规模经营的政策，但绿色规模经营支持政策依然不足。对于经济欠发达的洱海流域更缺乏因地制宜的绿色规模经营支持政策，特别是该流域小农经营占主体，迫切需要开展以面源污染防控高效组织模式为核心的农业面源污染规模化防控政策机制的研究。要考察当地不同规模种植经营主体的生产行为、成本效益、经营方式，了解农民土地流转、采纳环境友好型农业技术、减少化肥与使用有机肥的意愿及影响因素，从而为提出农业面源污染规模化控防高效组织模式提供依据，并有针对性地提出农业面源污染规模化防控的政策机制。该研究不仅符合我国农业绿色发展的要求，也有利于有效解决洱海流域农业面源污染问题，具有重大的理论与现实意义。

2 农业规模化经营研究现状

农业规模化经营最开始出现20世纪50年代的美国，之后很快传入日本和西欧等发达国家，而中国最早实施农业规模化经营是在1992年的山东省（唐忠，1993）。农业规模化生产经营是与农民密切相关的极其现实的问题。国内农业规模化经营的障碍主要在于土地流转机制不健全、农村剩余劳动力转移难度大、农民对规模化认知程度低和规模化技术推广难等方面。随着农业规模化经营概念的提出和规模经营法案的实施，围绕农业规模化经营的相关研究日益增多。

2.1 农业规模化经营涵义界定

农业规模化经营，不同学者针对不同研究对象赋予了不同的定义。农业规模化经营是指因时因地根据农作物的类型、畜禽品种资源、农业技术水平、社会经济、国家政策支持等条件，综合决定农业生产规模的大小，以便提高当地农业的劳动生产效率、土地生产效率和农业商品化效率的一种农业经营形式（Wigboldus et al，2016）。农业规模化经营的核心是规模经济问题，主要通过选择适合生产力发展水平的农业规模结构，合理配置资源（如土地资源、劳动力、生产工具等），进而进行农业生产，以获得最佳规模效益。农业规模化生产经营是在农业劳动生产率低下、农业科技水平偏低、农业生产水平小而分散、农业专业化水平不足的条件下发展而成的。

相关的农业规模化研究理论主要包括规模经济递减理论、资源禀赋理论、劳动力转移理论和制度变迁理论等，其中农业规模经济递减规律指的是扩大农业生产规模，可以使单位农产品的平均成本下降，从而获得良好的经济效益和社会收益。需要指出的是，当生产规模超过一定范围后，由于信息传递的滞后性、信息不对称性、特色农业产品的稀缺性性质改变、农产品市场供需不均衡（如供大于求）等原因，将会出现农产品的边际效益下降，从而产生规模不经济现象。由于农业作为第一产业，有其庞大繁杂的生产链，因此农业规模化经营不仅指土地或种植业的规模化经营，而且包括农业生产产前、产中、产后的规模经营，即农村第二、三产业联合形成农业—工业—服务业规模化经营（李伟娜，2012）。农业规模经营的主体形式主要有家庭农场、专业大户、专业合作社和龙头企业等等。

2.2 国外农业规模化经营

家庭农场一直是国外农业规模经营研究的主要对象。由于存在资源状况、人口、地形条件等方面的不同，其对应的家庭农场规模类型均存在一定的差异，而无统一标准。如根据国家、地区机构和畜牧业协会等各自确立的标准，将家庭农场划分为小规模、中规模、大规模等类型（Lindsey & Michael，2009）；在美国，根据美国环境保护署（EPA）制定的标准，奶牛、肉牛、火鸡、蛋鸡和肉鸡等有其各自大、中、小规模类型（USEPA，2016）。针对家庭农场规模大小与规模经济效益关系的研究，不同学者又有着不同的认识（包括正相关、负相关、无关和非线性相关四种观点），且主要从农业生产三大基本生产要素（土地、劳动力和资本）的角度进行土壤质量、土地制度、农业收入、农业价格和农业技术等分析（Atwood et al，2002；Fan & Chan Kang，2005；Michael & Nigel，2005；Dolev & Kimhi，2008；Puddu，2013）。因为家庭农场规模如果过小，资源得不到充分利用，就无法取得规模效益；而规模过大，又会加大环境压力，容易造成环境资源与农业生产之间矛盾的激化（Wachenheim & Lesch，2002；Thenail & Baudry，2005），所以大部分研究结果都是赞成农场适度规模化经营。但也有学者研究认为，在农业生产上，规模效益是十分有限的，即规模化与土地产出效率无关，农业规模经济效益只有在极其特殊的条件下才存在。特别是农业政策对农业规模化经营发展支持作用的研究表明，国家政策一般有利于大规模家庭农场经营，如贷款优惠、价格补偿、减免税收等（Lieshout et al，2013）。日本高度重视农业规模化经营，尤其在土地规模化集中和土地流转方面，出台了较为自由灵活的土地流转政策措施，并设立土地流转的专项资金，以利于土地兼并（徐玲，2017）。农业技术同样对农业规模化发展有着积极的正向影响，如高度重视农业机械规模化技术发展的美国，颁布了大量的法律法规支持农业规模化发展，如农场主扩大规模，除可得到美国政府农业补贴外，还可获得灾害补贴或农业信贷。

2.3 国内农业规模化经营实践

通过中国知网（CNKI）输入篇名为“农业适度规模”的关键词进行搜索，时间段为10年（2007~2017年），选择增强出版，主要目的是剔除非正式的期刊，如报纸等。共检索到131条文献信息，大多数属于社科类农业经济学科的基础研究，大约占33.08%（43条）；关键词统计，适度规模经营（23次）、农业适度规模经营（20次）、农业（19次）、土地流转（19次）、规模经营（18次）等；研究内容偏重于种植业土地适度规模，而养殖业适度规模文献较少，只有11篇文献，主要对生猪、奶牛、肉牛、黄羊、肉兔、畜禽、蛋鸡、肉鸡的适度规模进行分析，且不同地区养殖最佳规模不同。

有学者认为，针对家庭农场规模的划定，需在追求成本和效益角度最大化前提下适度规模经营（朱立志，2013）。适度是规模化的最佳状态，经济利益最大，即帕累托最优形式。从农业生产经营主体角度来看，因其经营能力不同，农业生产对象（如蔬菜、水稻、小麦、大豆、苹果、茶叶和奶牛、羊、畜禽等）及其所能控制的生产要素不同等，继而使得相对应的适度规模化程度不同。若缺乏明确的农业经营主体和农业生产对象关系，则无法实现给予农业生产对象适度指标的具体数值。规模是空间三维概念，不同地区、年代、农业发展阶段和生产经营方式提出的定义不同，其给出适度规模化的具体数值亦存在差别。因此，农业规模化经营必须实现因地制宜的适度规模化发展，即达到当时条件下单位农产品的投入成本低，大于或小于适度规模阈的值生产均为不经济。

由文献分析可知，对农业土地规模化经营适度的衡量，所选取参照标准主要包括耕地收益、农民收入、农村劳动力转移和机械化水平等指标；定量化测算方法主要包括成本收益比较法、机会成本法、数据包络法（DEA）分析、柯布–道格拉斯生产函数（CD函数）法、分组比较法和利益动态均衡模型等。由于采用不同类型农户样本、不同目标下的研究方法以及不同假设情景设定，不同学者测算出的农业规模化适度范围存在差异，反映出农业适度规模确定在很大程度上受到使用方法的影响（表1-1）。尽管对同一区域的适度规模进行测算，其数值差异也相对较大，这既是统计口径、计算方法等方面不同所导致的，也与统计修订校正中部分数据来源于经验、缺乏科学严谨性等原因有关。不同类型农户（粮农、茶农和果农）的适度经营规模差异较大；不同区域（主产区与非主产区）间适度规模的差异也较大。

就养殖业适度规模测算的研究，相关文献较少。现行的确定方法主要还是依据国家畜牧业或农业规定的年出栏量来确定规模大小，即大规模、中等规模和小规模；但该结果也只是估算，未考虑不同地区的实际情况。不过，有学者运用养殖成本效益分析法来测算相关畜牧养殖的适度规模，如河北农区户养肉牛适度规模3～4头（王秀芳等，2000），甘肃酒泉户养奶牛规模为8～10头，小区规模可在80～100头（王金明，2004）。徐恢仲等（2008）在深度分析重庆市丰都县肉牛养殖时，指出养殖业年收入随着投资规模的增大而增大，但增加到一定程度时，投资收益率并不与规模大小呈正相关关系，综合多方面因素，根据丰都县的实际情况，提出初期肉牛养殖规模以5～6头/户为最优。

基于涉农者规模化经营意愿和影响因素的综合研究分析，发现研究学者对待农业规模经营持三种观点，即支持规模经营、不支持规模经营和推崇适度规模经营（罗必良，2000；林善浪，2000；

张忠明，2008）。支持规模经营的学者认为，通过推行农业规模经营，可以有效地降低农产品的生产成本（黄季焜和马恒运，2000）。通过鼓励土地流转集中、农村劳动力转移、扶持农村合作组织，发展共同经营和委托经营支持政策，辅以财政信贷、价格和税收等政策支持导向，能确保农业规模化的有序、持续发展（赵旭强和韩克勇，2006）。不过，目前依然缺少将环保技术应用和补贴激励政策机制联系在一起的研究（罗良国等，2009；顾峰雪等，2011；罗良国等，2011）。相关学者进一步研究认为，农业规模经营的效益与农业技术和政策推动等因素有关（张红宇，2012；Wang et al，2014；张彪，2016；肖艳丽，2017）；且规模化生产经营能促进涉农经营主体采用环境友好型农业技术，如保护性耕作技术、测土配方施肥技术、商品有机肥施用技术、缓控释肥技术、化肥农药减量技术、秸秆还田技术、有机无机肥配合使用技术、滴灌技术和生态沟渠技术等（Fuglie &，Kascak，2011；韩洪云和杨增旭，2011；李莎莎和朱一鸣，2006；曾伟等，2016）。实际上，我国“三品一标”农业（有机农业、绿色食品、无公害食品和农产品地理标志）大多采取农业规模化模式生产（刘志坤，2015），未来仍然需要有针对性的政策进一步引导和推动这些环保农业实践。

表1-1 **中国农业适度规模化研究情况**

地域	测算依据	研究方法	范围（亩）	参考文献
全国	粮食作物成本效益、收入水平	成本效益法	30～100	赵晓峰和刘威，2014
	苹果作物成本效益、收入水平		5～10	
北方	农业生产成本、收益、农民外出务工机会、“黄箱政策”		100～120	钱克明和彭廷军，2014
南方			50～60	
中原地区	单位面积产量、每亩纯收益、劳动生产率、劳均纯收益、投入产出率	机会成本法	10～22	田晓玉，2012
吉林	投入产出	数据包络法（DEA）	75～80	张忠明，2008
黑龙江	土地产出和农民收入最大化	柯布－道格拉斯函数（CD函数）法	70	马增林和余志刚，2012
黑龙江	耕地收益		70～116	何宏莲，2011
山西、河南、安徽、江西、湖北、湖南	农民经营成本、收入水平	市场供求模型	9～16	曹建华等，2007
安徽	农民经营成本、收入水平	分组比较法	10～100	陈洁等，2009
湖北	农产品生产技术、农产品市场价格、各投入要素的市场价格和农户自家劳力情况等	生产函数法	10.2	杨钢桥等，2011
浙江	农民经营成本、收入水平	成本效益法	30～80	卫新等，2003
江苏	农户收入		11～14	胡初枝等，2008
江西省抚州市	收入水平	机会成本法	32	王征兵，2011
江西省宜春市	劳动力转移程度、收入水平、农业机械化水平	利益动态均衡模型	9	杨李红，2010

2.4 农业规模经营与农业面源污染防控

大多数研究者对农业规模化经营的理论进行的探讨和丰富，主要集中于农地规模与土地生产效率关系的研究，与农业面源污染及其防控之间关系研究较少。而农业规模化经营研究又偏种植业方面，主要集中在农户规模化经营意愿、影响因素和适度规模经营面积测算等方面，对畜禽养殖业规模化经营研究较少；在农业适度规模化测算方面，较多学者从成本经济效益的角度计算农业适度规模范围，并侧重于考虑土地、劳动力、资本等生产要素，未考虑不同经营主体集体行动（collective action）所产生的规模效应和市场风险等因素。尽管大多数学者认为农业规模化有利于环境友好型农业技术实施和推广，如在全国范围推广测土配方施肥技术、设施农业、机械化技术、灌溉技术、农村畜禽废弃物处理技术等，但很少有文献论证农业规模化有利于防控农业面源污染。

围绕农业面源污染规模化防控机制政策方面，目前国家并没有专门的支持政策，从规模化视角去研究农业面源污染防控也未见报道。不过，国家从“十一五”“十二五”和“十三五”以国家重大科技专项形式投入上百亿元开展江、湖、河、海流域尺度的水污染治理，其中就包括农业面源污染的治理。主要是利用源头减量、过程阻断、途径削减和末端治理的治理思路，即农业面源污染治理4R理论（杨林章等，2013）。对应措施有农业面源污染综合控制技术或集成技术模式、农业面源分区控制、营养化分类控制、农田源营养物管理、农村居民源营养物管理控制和营养物途径控制等等（赵永宏等，2010）。国际上对农业面源污染防控更加侧重基于环保实践行动及其达到的环保效果给予积极的补贴补偿政策和支持政策。而我国当下已有许多鼓励适度规模经营的政策，但绿色规模经营支持政策不足，通过引入环境政策对农业面源污染进行控制，主要涉及一些养殖企业，如环境影响评价制度（EIA）、污染总量控制制度、“三同时”制度、限期整改制度、排污收费制度和排污许可证制度等等。

3 研究目标与研究内容

3.1 研究目标

针对洱海流域农业面源污染防控技术规模化应用和实践的需求，在“十一五”“十二五”的农业面源防控技术成果集成示范应用于洱海流域北部区域的基础上，探索通过政府引导、企业带动和农户参与，形成涉及企业/合作社+农户规模化应用面源污染防控技术的高效组织模式，为全面实现洱海流域农业面源污染防控提供技术支撑；同时，研究提出激励涉农企业、合作社、农户共同参与农业面源污染防控实践的规模化防控运行机制及保障政策，为完善我国“十二五”重点流域水污染防控技术管理体系提供理论和技术支持。

3.2 研究内容

3.2.1 农业规模化生产组织模式研究

大范围、分散的农户经营是限制我国农业面源污染防控技术推广应用的瓶颈。为此，选择洱海流域典型企业、专业合作社和农户开展农村社会经济和农户环保意愿调查，研究规模化农业生产模式的可能性及高效组织方式，探讨通过政府引导、企业带动和农户参与形成公司+专业合作社+农户或公司+农户的组织模式，促进规模化农业经营模式的发展，促进农业面源污染防控技术的普及和规模化示范工程建设，提升农业面源污染防控效率。

3.2.2 运行机制研究

选择1～2个农业企业/合作社为实证案例，以课题研究的农业面源污染综合防控技术体系/模式为对象，开展专业合作社+农户或公司+农户组织模式下农业面源污染规模化防控技术实践的全过程成本效益分析研究，结合农业生态环境保护的正外部性特征与需要长期稳定投入支持的特点，进一步研究提出与国际接轨、符合WTO协议“绿箱政策”和与农业面源污染防控生产组织模式相配套的农业面源污染规模化防控运行机制及保障措施。

4 研究方法与技术路线

本文主要基于规模经济理论、外部性理论和农业面源污染治理4R理论，运用文献研究、实地调研、定性与定量研究分析、计量经济学模型与统计分析结合、实证案例分析与规范分析相结合等方法开展研究，涉及具体方法在相关各章有分别详细的介绍。

通过对项目区域农户环保意愿调研分析、奶牛养殖与废弃物清洁资源化处理的成本与效益分析和相关种植生产成本效益分析，结合其他子课题研发示范提出的成熟农业面源污染防治技术引入涉农农企业和合作社等的推广应用，借鉴国际经验，在WTO允许政策支持框架下，凝炼提出不同涉农经营者为参与主体的农业资源高效清洁化利用组织模式和运行机制，从而形成农业面源污染规模化防控运行机制，为洱海流域农业面源污染规模化防控技术模式的全面实施、全面落地，提供组织模式保障和政策机制保障。

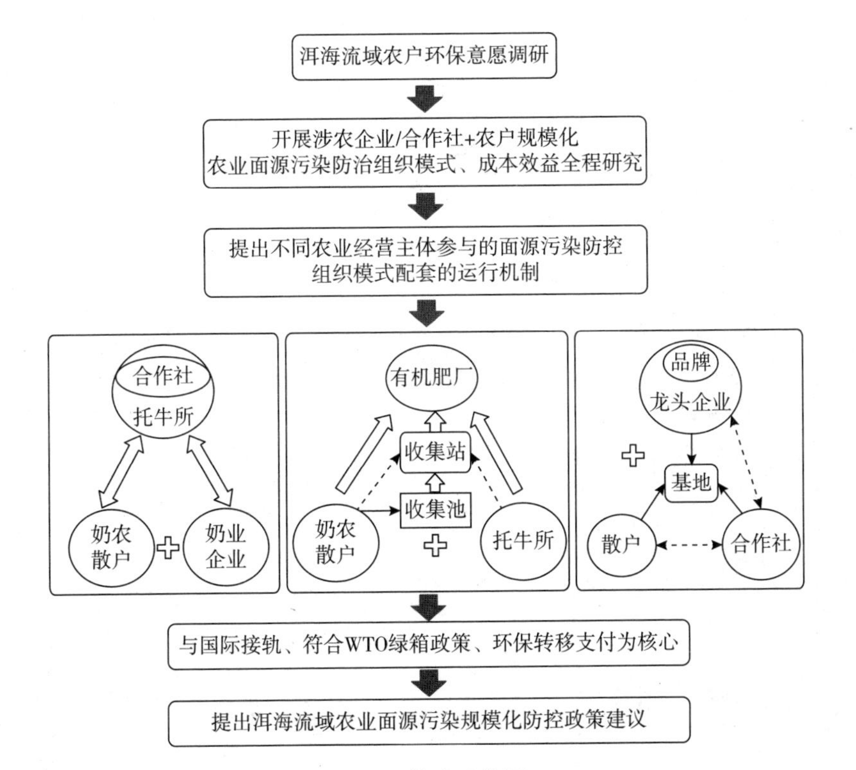
洱海流域农户环保意愿调研
开展涉农企业/合作社+农户规模化
农业面源污染防治组织模式、成本效益全程研究
提出不同农业经营主体参与的面源污染防控
组织模式配套的运行机制
合作社
托牛所
奶农
散户
奶业
企业
有机肥厂
收集站
收集池
奶农
散户
托牛所
品牌
龙头企业
基地
散户
合作社
与国际接轨、符合WTO绿箱政策、环保转移支付为核心
提出洱海流域农业面源污染规模化防控政策建议

图1-1　技术路线图

洱海流域种养殖业及其面源污染情况

1 种植业情况

洱海流域属高原性季风气候，干、湿季分明，降雨主要集中于5～10月，占全年降雨量的90%左右，年均降雨量约1100毫米，年均气温15℃左右，年均日照2400小时，无霜期长，日照充足，气候适宜，年均相对湿度接近70%，有利于发展农业生产。水稻、大蒜、玉米、蚕豆、洋葱、萝卜、油菜、黑麦草、大麦和小麦等多种作物在该流域多有种植，但以“稻—蒜”水旱轮作种植模式为主。大春（5～9月）主要种植水稻；小春（10月～次年4月）以大蒜和蚕豆种植为主。不过，经过文献整理和调研发现，稻-蒜轮作模式下，有机肥和氮肥的投入量非常高，约64.5吨/公顷和0.8吨/公顷；其磷肥投入量也达到0.3吨/公顷。为什么稻—蒜轮作模式需要投入如此大量的肥料？究其原因，大蒜是需肥多且耐肥的作物，大蒜生长期施肥以氮肥为主，施磷肥可显著增产，农民为追求经济效益，通常超负荷施用氮磷肥。据文献数据，单季大蒜氮化肥（N折纯量）平均为567千克/公顷，磷化肥（P_2O_5量）为169千克/公顷，该用量远远高于洱海流域其他农作物氮、磷化肥的平均用量，即190千克/公顷和86千克/公顷。近年来，大蒜的平均经济效益和产量分别达到7.5万元/公顷和2.5吨/公顷，显现出良好的经济收益，促使洱海流域大蒜种植总面积呈现逐年上升趋势。但以散户为主，规模户种植合作社/企业经营不多，95%的散户大蒜种植面积小于10亩。为追求经济效益，这些小农更会过量施肥，造成较大的潜在环境风险。

2 养殖业情况

如图2-1显示，21世纪以来，云南省农业和畜牧业发展较快，牧业总产值增长迅速。特别是2003 ~ 2015年，畜牧业总产值跳跃式增长，从242.53亿元激增到1031.48亿元，增加了4.25倍（《云南统计年鉴》，2017）。这主要得益于畜牧养殖数量的快速上升，特别是随着农业产业结构调整，洱海流域奶牛、生猪、鸡、鸭和羊等养殖业得到了迅速发展。

目前，洱海流域奶牛饲养总量达到5.5万头（其中大理1.9万头，洱源3.6万头），集中规模化养殖比例很小，95%以上沿袭2 ~ 3头/户的传统散养模式（王聪聪等，2016）。洱海流域猪出栏量约为53.3万头，存栏量约为48.6万头，其中规模化养殖出栏量仅为1.2万头，存栏为0.4万头；羊存栏量0.8万头；鸡存栏量135万羽，鸭存栏量1.2万只（潘云祥，2005）。与此同时，小而分散的养殖模式对农业环境影响较大，尤其是洱海流域散养奶牛畜禽粪便废弃物的无序及不合理管理，造成养殖粪污随意堆放在道路两旁、田边地头、水塘沟渠，或直接排放到河渠等水体中，污染了土壤环境和地表水环境。“污水乱泼、粪土乱堆、柴草乱垛、畜禽乱跑”成为当地农村环境的真实写照，也是洱海水域污染的最大隐患。

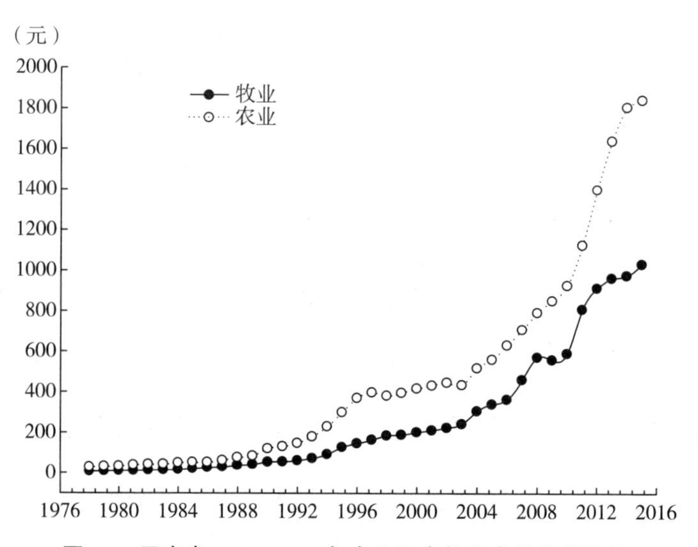

图2-1　云南省1978～2015年农业和畜牧业产值变化趋势

3 洱海流域农业面源污染情况

洱海流域的洱源县，位于流域上游，是一个典型的养殖大县。根据张晓娟2017年的报道，2016年洱源县全县奶牛存栏约4.1万头，黄牛和水牛存栏为5.2万头，马、骡、驴存栏在0.8万匹以上，生猪存栏约23.5万头，山绵羊存栏约10.9万只，禽存栏有48.8万羽，是一个典型的养殖大县。按照奶牛日排粪便31千克、黄牛和水牛日排粪便19千克、马骡日排粪便19千克、猪日排粪便6千克、羊日排粪便4.5千克、禽日排粪0.1千克的标准进行测算，全县畜禽日粪便产生总量超过5400吨。基于洱海70%的水源自洱源县境内地表水，如果洱源县大量的畜禽粪便未经处理，必然给洱海带来极大污染风险。加之大理的畜禽养殖所产生的大量粪污，洱海流域潜在畜禽粪污对洱海水质的影响不可小觑。

经过实地考察调研得知，洱海流域畜禽养殖废弃物处理率低，存在二次污染问题，特别是来自奶牛分散养殖的污染更为突出。一方面，分散式传统养殖圈舍向水冲圈舍发展，加剧了未经处理粪水向环境直接排放和养殖粪便露天随意堆放的可能；另一方面，畜禽粪便堆置与农田施肥需求时间的错位，导致大量畜禽粪便无法及时还田而堆积于房前屋后及田边，尤其是每年6～10月期间是洱海流域暴雨集中时段，随意堆置的奶牛粪便加剧了农业面源污染的严峻态势。加之洱海流域已有的畜禽粪便收集站处理能力不足，奶牛养殖污染难以得到根治，成为洱海流域农业面源污染的主因。洱海流域农户人均耕地普遍较少，地块分散，散养奶牛既是当地农户传统的谋生方式，又是他们的重要生产资料和经济来源。这种现状短时间内无法改变，在未来很长时间内也不会消失。据2013年《第一次全国污染源普查云南省农业污染源普查报告》，洱海流域畜禽养殖业COD产生量就占农业源COD的99.2%，因此探讨规模化解决散养奶牛粪污可能带来的环境污染问题，势在必行。

与此同时，洱海流域种养脱节问题突出。牛粪产生与种植季农田利用时间错位，在农田非用肥期，牛粪随意堆置现象普遍，特别是雨季，牛粪由传统农家肥变成了农业源污染物。虽然洱海流域农户有施用有机肥或农家肥的习惯，但有机肥的利用方式经济效益低，导致农户们更多或过量地施用化肥追逐高产，争取最大收益，结果带来严重的农田面源污染。根据《云南洱海绿色流域建设与水污染防治规划（2010—2030）》的阐述，源自农田面源污染的N和P分别高达32%和

26.7%，水土流失N和P为9.7%和17.1%；也有学者认为，导致不合理的种植制度以及周边农田肥料滥施滥用的原因中，流域农田面源氮污染负荷的“贡献”高达40%（杨怀钦，2007；汤秋香，2011）。另外，洱海流域治理农业面源污染的激励机制欠缺，农民采用环保型农业生产技术的积极性不高。

因此，在洱海流域，无论是种植业还是养殖业，小农生产模式始终是农业面源污染防治的障碍。如何将环境友好型农业技术从零散应用转化为规模化应用，努力解决水旱轮作和奶牛分散养殖所带来的农业面源污染突出问题，达到预期环境保护目标，特别需要有针对性地深入研究洱海流域农业面源污染规模化防控的组织模式与运行机制。

第三章

洱海流域农业面源污染防控现有政策

自1998年以来，洱海流域生态环境点源、面源污染不断加剧，使“高原明珠”不堪重负，水质不断恶化，生态功能受到严重威胁。如何保护洱海、振兴洱海，还滇西母亲湖以秀丽面庞，被提上大理州政府的重要议事日程。自“九五”以来，在大理州委、州政府及各级领导的重视及大力支持下，洱海保护及治理“六大工程”得以落实，相关法规、规划出台，洱海保护的体制机制不断完善，有关洱海流域治理的科学研究取得了一定成效。与此同时，洱海流域源头农户的生产、生活行为对洱海生态环境有至关重要的影响。因此当地政府出台了一系列面源污染综合性防控政策、养殖业和种植业激励性政策，激励农户由传统养殖、种植模式向清洁种养模式转变，以便有效地防控与治理面源污染。

1 洱海流域农业面源污染综合性防控政策

为了进一步加强洱海流域农业面源污染的治理工作，有效减少农业生产对农村生态环境和洱海水环境的影响，大理州洱海流域各级政府结合洱海保护治理工作和洱海流域农业面源污染治理面临的严峻形势和迫切任务，出台了许多激励性的面源污染综合性防控政策文件（表3-1），涉及污染防治资金管理办法、污染第三方治理实施意见、水污染防治工作方案、生态补偿机制实施意见、河长制的实施意见、生态环境监测网络建设方案和水污染防治规划等等。

表3-1 洱海流域面源污染政策内容

年份	内容
2001年	污染资金投入支持：加强洱海等九大湖污染防治资金投入、监管、审计①
2007年	水污染修复工程：加大以滇池为重点的九大高原湖泊水污染综合治理力度。以水质“稳中有升、逐步改善”为目标，以大幅度削减入湖主要污染物总量为突破口，建成星云湖—抚仙湖出流改道工程，加快洱海弥苴河综合治理工程、抚仙湖北岸径流区面源污染综合治理工程和滇池北岸水环境治理工程建设，重点治理入湖河流；加大实施“三退三还”力度，恢复一批天然湿地，建设一批湖滨生态带和入湖河口人工湿地②

续表

年份	内容
2010年	水污染治理综合规划：以“坚持让河流湖泊休养生息，建设绿色流域”为指导思想，从流域概念、生态安全理念与系统控制理念出发，把湖泊水污染防治与全流域的社会经济发展、流域生态系统建设以及人类文明生产生活行为融为一体，提出了以“绿色流域建设”为基础与核心，采取“污染源系统控制——清水产流机制修复——湖泊水体生境改善——系统管理与生态文明建设”的洱海水污染综合防治的总体思路，构建“流域产业结构调整控污减排、流域污染源工程治理与控制、低污染水处理与净化、清水产流机制修复、洱海水体生境改善、流域管理与生态文明构建”六大体系。对洱海绿色流域建设做了全面系统的规划。该规划将成为今后20年洱海水污染综合防治与绿色流域建设的行动纲领[3]
2014年	农业庄园、家庭农场重点扶持：州级财政每年安排600万元用于农业庄园发展，每年重点扶持10个州级现代农业精品庄园、20个州级示范家庭农场。建立竞争性以奖代补机制，对州级现代农业精品庄园一次性给予40万元扶持，对州级示范家庭农场一次性给予10万元扶持。专项优惠贷款，土地经营权申请抵押贷款[4]
2014年	农业合作组织资金支持：州级财政每年安排农民专业合作社示范社建设专项资金 150 万元，扶持 30 个州级示范社，每个示范社给予 5 万元资金补助；农机购置补贴向农机专业合作社倾斜，示范社优先给予项目支持；金融机构重点支持农民专业合作社信贷；完善配套优惠政策、用地和用电政策[5]
2014年	规模化土地流转财政补助：建立和完善农村承包耕地流转激励机制，对受让主体实行财政补助，从 2014 年至 2017 年州县市财政对规模连片承包地（签订 5 年以上流转合同），并进行规模化生产经营给予奖励，对连片流转 100 ~ 200 亩的规模化经营主体一次性给予 10 万元补助，对连片流转 1 000 亩以上的规模化经营主体一次性给予 20 万元补助，州、县市各承担 50%。对积极推动承包耕地流转的县市、乡镇、村组给予表彰奖励；对吸纳农村富余劳力就业的农业经营主体进行补助[6]
2014年	《中共大理州委 大理州人民政府2014年洱海流域报纸治理工作意见》：在农业面源污染治理方面要做到理论有突破、方式有创新、水平有提升
2016年	水环境治理的融资方式：重点治理九大高原湖泊环境问题突出的流域，采取政府引导、委托治理、托管运营等方式，立足政府和社会资本合作，引进有实力的第三方治理企业，开展综合治理，拓宽水污染防治融资渠道[7]

续表

年份	内容
2017年	重点流域生态保护补偿金制度：采取省支持一块，州、市、县、区集中一块的办法，建立全省重点流域生态保护补偿金，流域范围内的州、市、县、区财政均按照省财政确定的上缴依据和标准上缴流域生态保护补偿金。将水质指标作为补偿资金分配的主要依据，对水质状况较好，优良水体（达到或优于三类）比例提升，水环境和生态保护贡献大，节约用水多的州、市、县、区加大补偿力度，反之则少予或不予补偿。分配到各州、市、县、区的流域生态保护补偿资金，由各州、市、县、区人民政府统筹安排，用于农业面源污染治理等流域生态保护和污染防治工作⑧
2017年	河长制领导责任制度：建立河长制领导小组，实行五级河长制和分级负责制，制定治理方案，落实一河一策、一湖一策，切实保证河湖库渠的治理、管理、保护到位，并建立技术支撑体系和考核监督体系⑨
2017年	突发水环境应急处理制度：对污染物等有毒有害物质进入大气、水体、土壤等环境介质，突然造成或可能造成环境质量下降、生态环境破坏的情况，建立省、州市、县三级突发环境事件应急指挥体系，预防与应急并重，开展部门间的协同与合作，做好思想、组织、物资、技术准备，应对突发环境事件⑩
2017年	建立生态环境监测平台：构建生态环境监测大数据平台，实现全省各级各类生态环境监测数据互联共享，完善生态环境监测信息统一发布机制⑪
2017年	九湖流域控制性环境总体规划：加快九湖流域控制性环境总体规划编制，划定并严守湖泊生态红线。实施九湖流域水环境保护治理“十三五”规划，分预防、保护和治理3种类型综合施策，持续改善九湖水质，打好洱海保护治理“狙击战”和“持久战”，2018年底前全面建立各级辖区内流域“河长负责制”⑫

资料来源：① 2001年云南省人民政府办公厅颁发《云南省九湖环境综合防治建设资金管理办法》。②2007年云南省人民政府办公厅颁发《关于实施七彩云南保护行动做好2007年环境保护工作》。③2010年《云南大理洱海绿色流域建设与水污染防治规划》（2010–2030）。④2014年大理白族自治州人民政府颁发《关于大力推进现代农业庄园发展的意见》。⑤2014年大理白族自治州人民政府颁发《关于促进农民专业合作社规范化发展的意见》。⑥ 2014年大理白族自治州人民政府颁发《关于加快农村土地承包经营权流转的意见》。⑦ 2016年云南省人民政府办公厅颁发《推行环境污染第三方治理的实施意见》。⑧ 2017年云南省人民政府办公厅颁发《关于健全生态保护补偿机制的实施意见》。⑨ 2017年云南省水利厅颁发《云南省全面推行河长制的实施意见》。⑩ 2017年云南省人民政府办公厅颁发《云南省突发环境事件应急预案》。⑪ 2017年云南省人民政府办公厅颁发《云南省生态环境监测网络建设工作方案》。⑫ 2017年云南省人民政府办公厅颁发《云南省高原特色农业现代化建设总体规划（2016–2020）》。

2 洱海流域养殖业源污染防控政策

在养殖污染防控激励性政策方面，洱海流域针对养殖业保护提出各种形式的政策（表3-2），如2012年大理市人民政府办公室印发《大理市洱海流域畜禽粪便收集处理监管及奖补实施办法（试行）》、中共大理州委文件出台《2014年洱海流域保护治理工作意见》、大理白族自治州人民政府颁发《关于进一步加快奶业扶持健康发展的意见（2014）》、2017年云南省农业厅办公室颁发《云南省高原特色现代农业“十三五”牛羊产业发展规划》和云南省人民政府办公厅印发《云南省畜禽养殖废弃物资源化利用工作方案》（云政办发〔2017〕135号）等。

表3-2　　洱海流域养殖业源污染防控政策

年份	内容
2012年	企业畜禽粪便治理补贴政策：企业收集新鲜畜禽粪便1吨，给予补助资金20元，承担比例按州30%、市70%进行补贴。开展沿湖村落环境综合整治，资金、项目上给予支持，并积极开展以削减入户污染负荷、改善人居环境质量为重点的村落污水治理、畜禽粪便治理和洱海保护治理宣传发动等工作，打造洱海流域“美丽乡村”典型示范区[①]
2014年	削减农业面源污染措施的扶持政策：建成无公害农产品生产基地15万亩（大理市5万亩，洱源县10万亩）；制定对有机肥生产、销售、使用等环节扶持政策，在洱海流域全面推广使用有机肥；建成畜禽粪便收集站和有机肥加工厂，收集处理畜禽粪便不低于17万吨（大理市12万吨，洱源县5万吨），削减畜禽养殖污染。2014年州级财政预算1亿元洱海流域保护治理，其中大理市5000万元，洱源县3000万元（含生态补偿资金1500万元、水源建设补助200万元）[②]
2014年	规模养殖经营补贴政策：加快发展奶牛规模养殖，州财政每年安排家庭牧场培植补助资金 300 万元，发展存栏能繁奶牛 10 头以上的家庭牧场 150个，对验收合格和企业扶持的家庭牧场，每个补助 2 万元。重点引导洱海流域从分散养殖向规模养殖转变，大理市、洱源县每年各发展家庭牧场 50 个以上；积极发展奶牛合作社（小区）州财政每年安排 50 万元补助资金，对验收合格的每个以奖代补 10 万元；大力发展标准化规模养殖场，对养殖规模达 300 头以上的农场验收合格后，将从工业预算资金中安排贷款贴息，建立全州现代奶业技术支撑体系，高度重视洱海流域奶牛养殖污染综合治理，积极引导牛粪统一收集和加工、使用有机肥、种植双孢菇等实用环保技术[③]
2014年	畜禽粪便综合利用：推进畜禽粪便资源化综合利用，圈舍改造、沼气、生物发酵还田、食用菌生产，加快畜禽粪便收集加工生产有机肥，加强农村畜禽散养农户污染治理[④]
2015年	洱源县洱海流域畜禽粪便收集处理监管及奖补实施办法：实施畜禽粪便收集处理定补制度。全面完成收集任务目标（2015年6万吨），每收集处理1吨新鲜畜禽粪便，县给予加工企业补助40元；完成目标任务50%以上，每吨补助30元；完成任务目标50%以下，每吨补助20元[⑤]
2016年	壮大畜牧优势产业：加强洱海流域水质治理，助推高原特色现代化高科技生态农业的发展等[⑥]
2017年	养殖业发展规划：生态牧场建设、划区轮牧围栏、标准圈舍建设、粪污无害化处理、人畜饮水配套设施建设；加快培育经营主体如龙头企业；完善激励机制，提高规模化养殖的比率，稳步提高秸秆饲料化利用的数量，不断提高牛羊粪便的处理再利用水平，减轻牛羊养殖对环境保护造成的压力[⑦]

续表

年份	内容
2017年	畜禽养殖废弃物资源化利用：完善扶持政策，加强科技支撑，全面推进畜禽养殖废弃物资源化利用，加强构建种养结合、农牧循环的可持续发展新格局，加快高原特色现代农业发展。严格落实畜禽规模养殖环评制度、畜禽养殖废弃物资源化利用制度、畜禽养殖污染监管制度、属地管理责任制度、规模养殖业主主体责任制度。各级财政要加大投入，支持规模养殖场建设粪污处理设施[8]

资料来源：①2012年大理市人民政府办公室印发《大理市洱海流域畜禽粪便收集处理监管及奖补实施办法（试行）》通知。②2014年中共大理州委文件出台《2014年洱海流域保护治理工作意见》。③④2014年大理白族自治州农业局办公室印发《关于进一步加强洱海流域农业面源污染防治工作的指导意见》通知。⑤2015年洱源县人民政府《洱源县洱海流域畜禽粪便收集处理监管及奖补实施办法（试行）》。⑥2016年云南省大理州农业局《大理州“十三五”高原特色农业现代化发展规划》。⑦2017年云南省农业厅办公室颁发《云南省高原特色现代农业“十三五”牛羊产业发展规划》。⑧2017年云南省人民政府办公厅印发《云南省畜禽养殖废弃物资源化利用工作方案》（云政办发〔2017〕135号）。

3 洱海流域种植业源污染防控政策

在种植源污染防控激励性政策方面，针对种植业环境保护问题，云南省根据国家《农业法》《环境保护法》等法律法规，结合省情，制定了《云南省农业环境保护条例》。大理州政府根据国家和云南省的规章制度，结合洱海流域实际情况，制定了《云南省大理白族自治州洱海保护管理条例（修订）》《大理白族自治州洱海流域水污染防治管理实施办法》《云南省水污染防治工作方案》《云南省大理白族自治州水资源保护管理条例》等政策法规（表3–3）。

表3-3 洱海流域种植业源污染防控政策

年份	内容
2014年	有机肥企业补贴：大理市2014农业面源污染治理商品有机肥推广施用方案。享受有机肥补贴的对象按自愿原则申请，对中标的有机肥料企业给予每吨80%的补贴，剩余20%由补贴对象在购买有机肥时一并支付给肥料企业[①]
2015年	禁止种植区：建立洱海水污染防治及生态补偿的环境保护和治理经费，禁止洱海湖区滩地种植[②]
2015年	农业面源污染防治及监测工作：农业行政管理部门负责开展农业面源污染防治及监测工作，调整农业产业结构，发展生态农业，建设、认证无公害农产品生产基地，推广使用有机肥[③]

续表

年份	内容
2016年	限制农药化肥使用：在洱海流域等饮用水水源保护区内限制使用农药、化肥，防止污染水源[④]
2016年	环境友好性农业技术：推广低毒、低残留农药使用补助的试点经验，开展农作物病虫害绿色防控和统防统治，实行测土配方施肥，推广精准施肥技术。到2020年底，新建高标准农田达到环保要求，测土配方施肥技术覆盖率达到80%以上，农作物病虫害绿色防控覆盖率达到20%以上，肥料、农药利用率均达到30%以上，秸秆综合利用率达到60%以上，农膜回收率达到50%以上[⑤]

资料来源：① 2014年大理州农业局办公室印发《大理州农业局关于进一步加强洱海流域农业面源污染防治工作的指导意见通知》。②2015年大理州人民政府印发《云南省大理白族自治州洱海保护管理条例（修订）》。③ 2015年大理州人民政府印发《云南省大理白族自治州洱海保护管理条例（修订）》。④ 2016年大理自治州人民代表大会常务委员会印发《云南省大理白族自治州水资源保护管理条例》。⑤ 2016年云南省人民政府办公厅颁发《云南省水污染防治工作方案》。

总的说来，洱海流域各级政府结合洱海流域农业面源污染严峻形势和洱海保护治理工作需求，在畜牧养殖方面采用财政补贴、优惠等激励政策措施鼓励肥料企业积极生产有机肥，推动家庭牧场和标准化规模清洁养殖场开展养殖业废物资源化综合利用，以解决养殖业源的面源污染；在种植业方面，依托无公害农产品生产基地、农业庄园、州级示范家庭农场、农民专业合作社示范社，主推生态农业技术和减施化肥农药举措以及配套积极的财政扶持和补助政策，促进种植业源面源污染的防治。但在以散养为主要模式和以小农经营为普遍种植模式的洱海流域，开展养殖废弃物的规模化收集处理利用与种植源污染的规模化防控还缺乏针对性的政策措施，特别是如何解决散户或小农种养殖过程中所产生的面源污染问题，推进政策机制是缺位的。虽然适度规模化清洁种养经营是转变农业生产方式最重要的途径，但是要实现预期的控污治污目标，完全寄予洱海地区流域发育不完善或并不成熟和数量少的规模组织是不现实的。激发每个小农的活力和自觉自愿精神，促使他们参与到农业面源污染的防控治理实践中来，是洱海流域当下想要全面实现农业面源污染治理的最佳路径。特别是在国家倡导适度规模经营的背景下，我们的激励机制与政策需要与时俱进，以契合当地的实际情况，让涉农企业、合作社、农户共同参与到农业面源污染的实践行动中来。创新农业面源污染规模化防控策略，构建规模化防控运行机制，即洱海流域农业面源污染规模化防控高效组织模式及激励防控实践的运行机制。在保证不同农业经营主体收入前提下，为还洱海流域一个绿水青山做强有力的科技政策支撑。

第四章 洱海流域奶农与种植户环保实践实证案例分析

1　洱海流域农区受访农户的环保认知、意愿及行动

数据来源于“十二五”国家水专项洱海流域上游课题组的实地调查问卷。调查区域为洱海流域上游大理市和洱源县所辖乡镇。调查由预调研和正式调研构成，均采用CVM法惯用的面对面、一对一、调查员代为填写问卷的方式（Arrow et al.，1993）；这种方式可以保障调查质量和问卷的回收率与有效率，降低问卷调研潜在的问题（Carson，2000；李伯华等，2011）。

调研问卷为开放式问卷，调研内容包括：洱海流域上游农户的基本情况；农户对环境污染的认识、农户对环境改善的支付意愿（Wang et al.，2015）、环境保护措施的实施意愿、对环保政策的认知及态度；畜禽养殖情况及废弃物产生、处置及利用情况；种植业生产基本情况等。调研采用分层抽样法，先根据当地畜牧专家的意见，确定重点镇，在此基础上进一步根据最新统计年鉴（2012）公布的镇辖各村年末牛存栏数，将排名前10的村纳入调研范围，每村随机抽取

在家并愿意参与调研的10～15位农户。调研共获得413份问卷，有效问卷413份，问卷回收率和有效率达到100%。

1.1 受访农户特质及家庭特征

受访农户中，男性占比61.02%，女性为38.98%；受访农户年龄在40～70岁的比例超过70%，表明在家从事种养业的农户以中老年劳动力为主。而受教育程度普遍偏低。初中及以下学历的农户占被访农户总数的79.6%，其中将近一半（45.04%）的受访农户是初中文化，25.91%的受访农户是小学文化；受教育程度大专以上的仅占2.7%。受访农户家庭年收入普遍不高，年收入低于3万元的达到76%，高于3万元的农户仅占受访总农户数的23%（表4–1）。

表4-1　受访户基本统计特征

变量特征	选项	样本人数	比例（%）
性别	男	252	61.02
	女	161	38.98
年龄分布（岁）	<18	1	0.24
	18～30	24	5.81
	31～45	167	40.44
	46～60	164	39.71
	>60	57	13.80

续表

变量特征	选项	样本人数	比例（%）
受教育程度	不识字	36	8.72
	小学	107	25.91
	初中	186	45.04
	高中	73	17.68
	大专	8	1.94
	本科及以上	3	0.73
家庭收入元/（年·户）	<5000	24	5.81
	5000～10000	69	16.71
	10000～30000	225	54.48
	30000～50000	56	13.56
	>50000	39	9.44

1.2 受访农户环保认知

1.2.1 对环境污染的认知

针对不合理使用化肥农药以及不合理地处置畜禽粪便废弃物会对环境造成污染、对健康造成损害这一问题，了解且相当熟悉的受访者仅占到16.47%。表明当地绝大部分农户对环境污染会造成何种危害以及危害的严重性不了解，这阻碍了生态环境保护工作的开展；也从另一方面告诉我们，政府、媒体等各方面的宣传还不到位，没有深入到群众当中。而从自己居住环境污染情况的认识程度来看，29.06%的人认为目前自己居住环境不存在污染；认为存在污染的受访农户占总人数的70.94%，其中不了解污染程度的受访者占1.02%，认为虽然存在污染但是不严重的受访者占19.11%，认为污染程度一般的受访者占48.12%，认为污染严重的被访者占26.96%，认为污染很严重的被访者占4.78%。显然，70.94%的人已经意识到自己居住的环境存在不同程度的污染，究其污染根源主要是养殖粪便随意堆排（占32.27%）和生活污水的排放（占24.11%），这与调查区域绝大多数农户都养奶牛、粪便基本是堆放在院子外面的空地上、没有防渗漏和防雨水冲刷措施的现实情况密切相关（图 4–1）。

1.2.2　环境改善支付意愿

所有受访农户中，愿意为改善环境做出自己贡献并支付一定费用的占到总受访人数的 80.39%；表示不愿意支付，即表现零支付意愿的约占总受访人数的18.64%，该零支付意愿比例低于国际上拒绝支付比例一般范围20%～35%（Lo and Jim，2015）的下限。而较高的零支付意愿和无应答率会使得问卷调研的结果不可靠（Arrow et al.，1993）。关于零支付意愿，需要深入解析理由以化解可能由于调研方法上固有的局限性所导致的结果与事实存在偏差（周晨等，2015）。进一步调查得知，农户不愿意为保护环境支付费用的主要

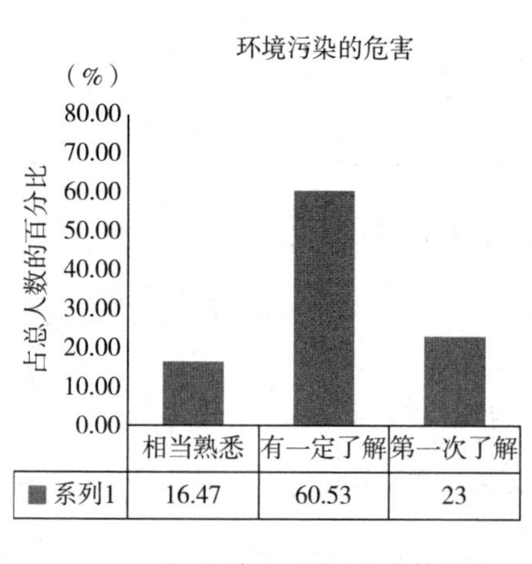

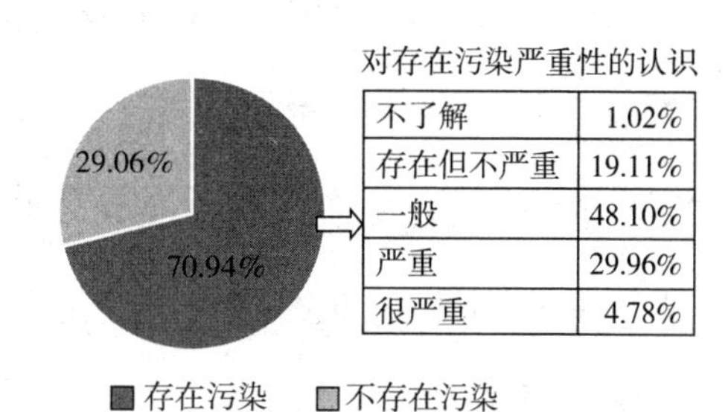

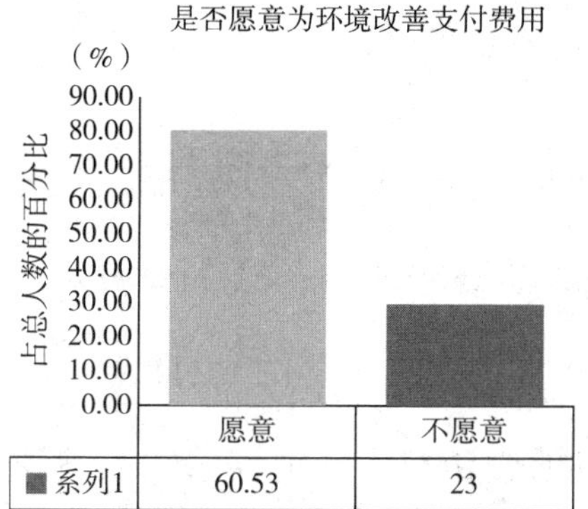

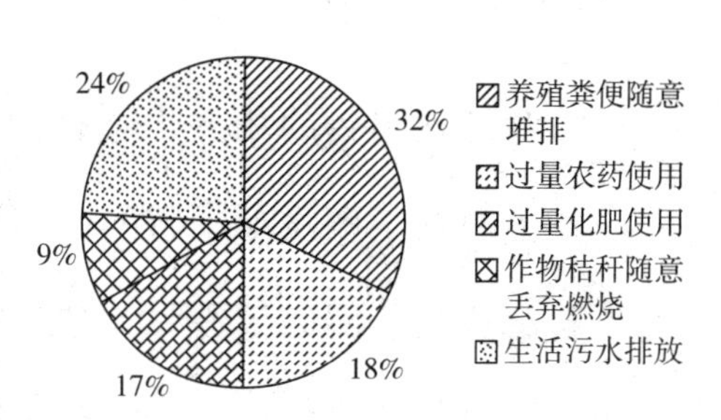

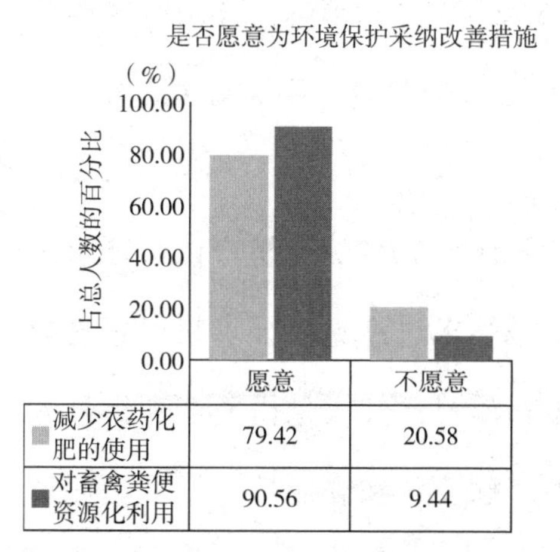

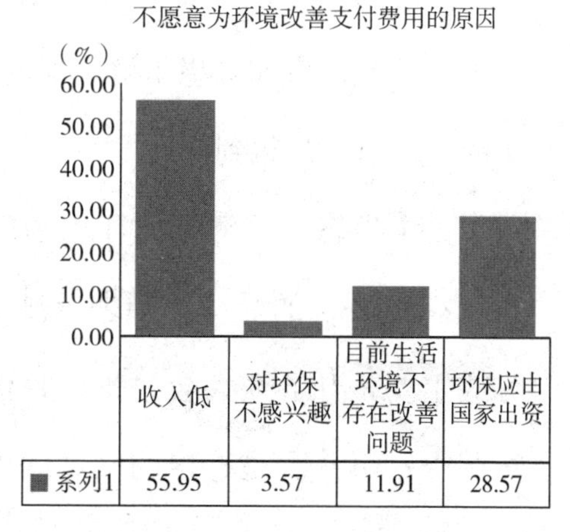

图4-1 洱海流域受访农户环保认知

原因是“收入较低”（55.95%），其次是“环保责任应由国家承担并出资”（28.57%）。这表明超过半数的受访农户不是绝对不愿为改善环境承担一部分费用，而是心有余而力不足。进一步研究发现，79.42%的人愿意为环境改善而减少化肥农药的使用；90.56%的人愿意通过不同方式将粪便资源化利用，进而改善目前散养奶牛粪便随意堆弃的情况。

1.2.3　对环保生态补偿的了解程度

针对国家出台的相关生态补偿政策实施情况的调研发现，受访农户对生态补偿政策不了解的占多数，达到59.81%；21.31%的人有所了解，比较了解的仅占总人数的9.93%，非常了解的只有8.96%。对当地生态补偿政策的实施，60.05%的受访户不知道，略知或站到很少的占14.77%，大部分知道只占6.78%，全知道的占18.40%。高达79.18%的受访者非常想了解当地的生态补偿政策，说明对生态补偿政策的宣传还不是很到位。

关于生态补偿意见的征求率，只有14.77%的受访户认可征求过意见；85.23%的受访户则表示没有被征求过意见。征求村民意见的方式主要是开群众大会讨论、宣传和学习；其次是村委会和组长入户调查；再其次是直接的问卷调查、贴公告和农业技术培训。而村民意见的采纳程度仅有28.87%，43.30%的受访户表示自己的意见没有被采纳，余下27.84%的受访户则表示不知道自己的意见有没有被采纳。说明村民意见的采纳程度和意见征求后政府的反馈程度都不高。

1.2.4　种植户适度规模化种植意愿

尽管国家鼓励适度规模经营，但在受访地区，仅有50%的受访户持明确的欢迎态度，对此表现无所谓的受访者占到40%；不愿意流转出自己土地的农户占到48%。如果将“一般”和“随大流”做正向看待，超过5成的受访农户希望从事适度化规模经营（表4–2）。因此，总体而言，受访地区的农户对土地流转政策基本上持欢迎态度。

表4-2　洱海流域种植户适度规模化意愿

规模化种植行为决策	选项	户数	比例（%）
国家鼓励实付规模化经营，听后高兴吗?	高兴	208	50.36
	一般	165	39.95
	不高兴	40	9.69
您愿意流转自己的土地给种粮大户吗?	愿意	196	47.46
	不愿意	198	47.94
	随大家	19	4.60
您愿意流转其他农户的耕地来扩大自己的种植规模吗?	愿意	186	45.04
	不愿意	183	44.31
	随大家	44	10.65

1.2.5 受访奶牛养殖农户粪污堆积处理利用方式

由表4-3分析可知，奶农自己收集养殖粪污到屋外空地和田间地头空地临时存放点，没有保管措施，还存在雨水冲刷流失，这样的方式占大多数，达到67%；20%的奶农自己收集粪污到屋外空地和田间地头空地临时存放点，实施有覆盖并沤制有机肥还田，不会受到雨水冲刷流失；8%的奶农则将自己收集的粪污存放到屋外收集池和田间地头的收集池，未采取覆盖措施，存在臭气和温室气体排放污染；而对收粪池采取覆盖措施的奶农仅有4%，不到5%；放任奶牛粪便遍地拉；完全不进行粪污收集处理的奶农不到1%，还是少数。

表4-3 受访农户鲜牛粪堆积处理方式

日常堆积方式	堆放屋外				堆放田间地头			
	空地		池子		空地		池子	
处理	无覆盖	有覆盖	无覆盖	有覆盖	无覆盖	有覆盖	无覆盖	有覆盖
百分比（%）	23.05	11.84	3.12	2.80	44.86	8.70	4.67	0.93
	34.89		5.92		53.56		5.60	

尽管受访农户在屋外或田间地头堆积牛粪过程中环保工作做得不够，但83%的受访农户是要将自己堆积的粪肥还田，部分还田的仅占15%，而不还田约为1.9%（图4-2）。不还田和部分用于还田的奶农，对自家剩余牛粪的处理方式是，55%的农户将牛粪销售给肥料企

业，43%的奶农则将牛粪卖给邻居或菜农，仅2%的农户卖给其他个人。在使用堆积牛粪还田的农户中，88%的农户表明还会继续使用无机肥来补充作物生长期的养分需求（图4–2）。

调查结果显示，粪污保管好、处置合理的农户占比不足30%，对当地畜禽粪便收集站点了解的农户也只占到12.59%。不过，愿意把粪便送往收集站的受访户占62.95%，不愿意送到收集站的占37.05%。一方面说明畜禽粪便收集站只覆盖很小的范围，多数奶农不知情；另一方面，很多散养户基于自己种地还田的考虑，并不愿意把粪便送去收集站。

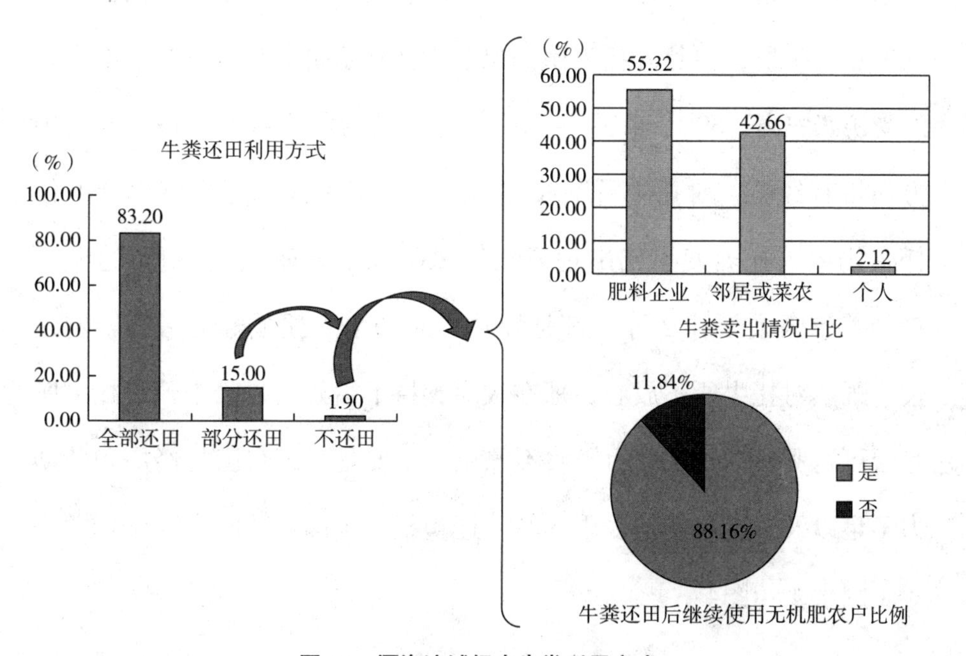

图4-2　洱海流域奶农牛粪利用方式

1.2.6 散养奶农奶牛入托养殖意愿

为了解决洱海流域散养奶牛粪便在院外随意堆放的问题，同时又能增加奶农收入，我们考虑引入适度规模化养殖，建立托牛所，寄希望于散养奶牛能够以入托的方式完成集中标准化、规范化养殖转变。但是半数以上的受访奶农（53%）由于各种原因和顾虑不愿意把牛放到托牛所，只有47%的受访奶农表示愿意。这可能与政府、媒体等以各种形式宣传环保知识、政策不够有关。因为大部分人不了解生态补偿，也不知道当地的生态补偿政策，而高达79.18%的人想了解当地的环保补偿政策。不过，在设定明确给予政策扶持和帮助下建托牛所，愿意入托养殖的奶农的比例更低，仅为40%，不愿意的受访奶农高达60%。在这些不愿入托养殖的农户看来，自己养奶牛方面最有经验，对托牛所不放心；同时，奶牛是自己维持生计的依托，奶牛入托养瘦了或出现死亡等风险如何处理以及入托后这些原来的养殖人去干什么等，都是导致奶农产生入托抵触情绪的影响因素。既然对托牛所不放心，那在政府支持下由奶农自己来建设托牛所是否可行呢？高达60%的奶农不愿意，主要是考虑自己的经历和劳动力不足以及资金与场地受限，其他还包括成本高、风险大和嫌麻烦等等（因素）（图4–3）。

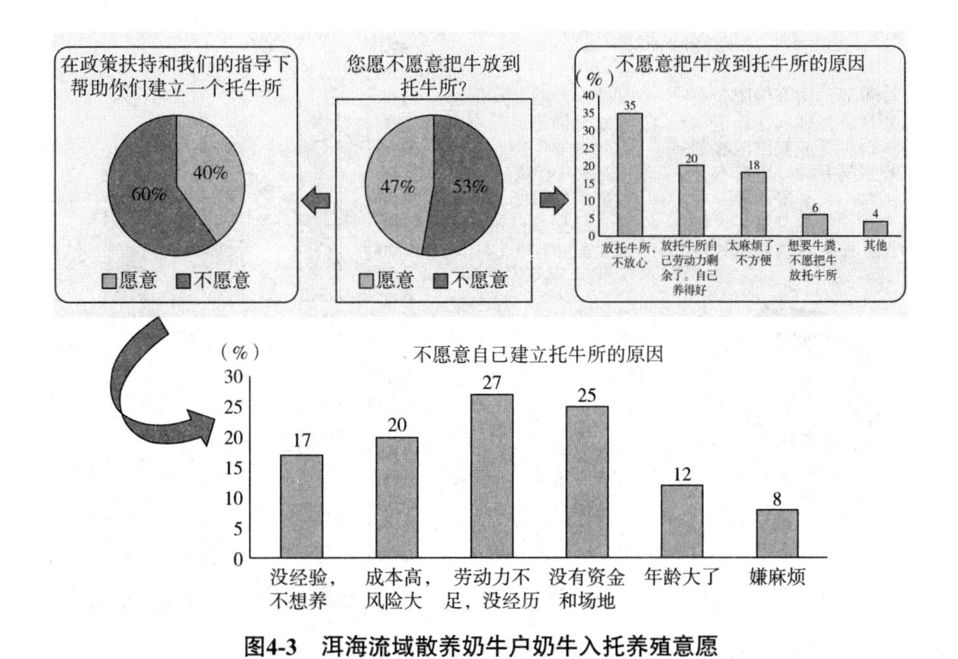

图4-3 洱海流域散养奶牛户奶牛入托养殖意愿

1.2.7 受访奶农牛粪集中堆肥化处理意愿

由图4–4可知，如果堆肥处理池由有机肥企业以统一标准进行设计建造，同时企业提供池底辅助发酵并降低鲜牛粪水分的垫料，以及定期的专业机械搅拌混翻等服务，愿意将牛粪送入村堆肥池集中处理的农户高达63%，不愿意的仅有37%。辅助发酵并降低鲜牛粪水分的垫料是由企业生产，其成本是150元/吨，初次发酵后的粪肥，如果农户自己全部留用，需交付垫料成本，41%的奶农认为可以接受，表示愿意支付垫料成本；32%的奶农不接受，不愿意支付这样的垫料费用，27%的奶农则持观望态度。

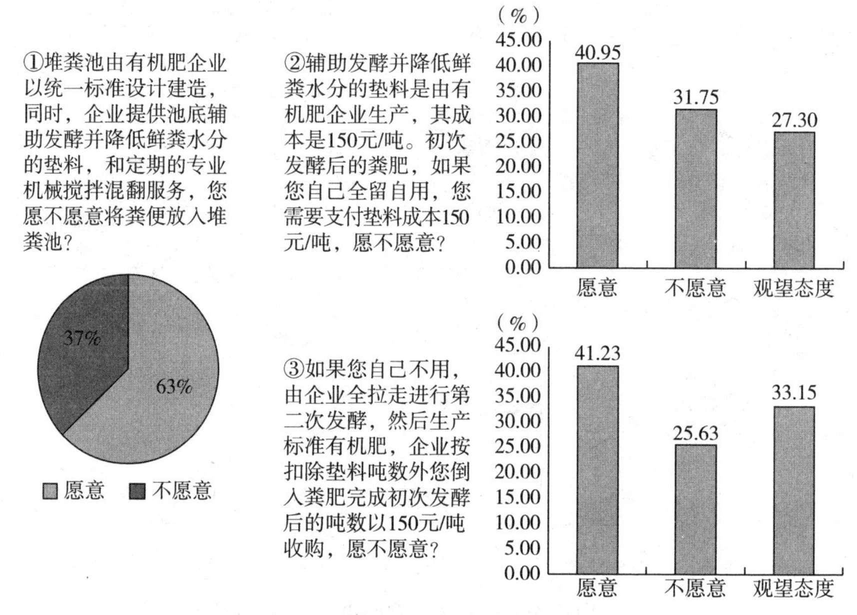

图4-4　洱海流域受访奶农牛粪集中堆肥化处理意愿

如果奶农自己不用初次发酵好的粪肥，由企业全部收集运送到本企业肥料生产车间进行第二次发酵，生产出标准有机肥，此时，企业扣除垫料成本后，以150元/吨向农户收购完成初次发酵后的粪肥，有41%的奶农表示愿意接受这样的收购，26%的奶农不愿意，观望农户占到33%。总的说来，通过对集中堆肥化处理的调查，揭示了农户内心是崇尚环保的。在组织化过程中，不能忽视他们的切身利益，同时表明以村为单位有效防控污染的极大可能性，为企业+农民主体组织模式创建提供了依据。因为，如果肥料企业将收走的鲜牛粪制成有机肥以低价销回给农户，有近78%的农户是愿意跟这样的肥料企业合作的。

1.2.8　受访奶农利用畜禽粪便基质化种植双孢菇意愿

通过调研可知，41%的受访奶农愿意利用畜禽粪便基质化来种植双孢菇，表示观望的奶农占33%，直接拒绝的奶农占26%。其不愿意种植双孢菇的根本原因，主要是认为自己没有技术、没有经验和没有场地，简称“三无”；其次，劳动力的老龄化和劳动力不足问题以及粪便还田后并无足量的剩余用来基质化种植双孢菇。因此，从洱海流域层面来看，利用畜禽粪便基质化来开展双孢菇种植，需要顶层设计和布局。进一步调研发现，如果以公司+农民主体形式推广双孢菇种植，公司直接给奶农提供基质和菌丝（免去基质准备的人力和麻烦）开展双孢菇生产，愿意接受这种粪便资源化利用方式的奶农增长了25个百分点，达到66%；不愿意的奶农下降了15个百分点，持观望的也由前期的33%降至23%（图4–5）。

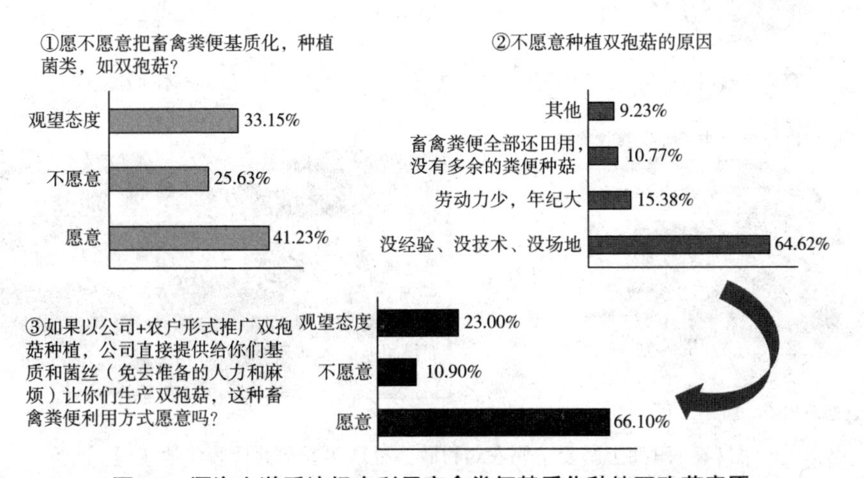

图4-5　洱海上游受访奶农利用畜禽粪便基质化种植双孢菇意愿

1.2.9 受访农户对村收集池集中处理的支持方式

由图4-6可见，针对附近是否有牛粪收集站的问题，25.55%的受访农户回答附近有牛粪收集池，认为附近没有牛粪收集池的受访户占74.45%。如果村附近没有收集池，34.7%的奶农不愿意与企业分担建池成本来共建收集池，但有65.3%的奶农表达了积极参与共建的愿望。假设每个收集池建池成本为1万元，受访奶农们愿意或可承受的分担成本大约为总成本的5%，即442.8元。收集池建立后，82.55%的农户愿意每天把牛粪送到寸收集池以保护环境，17.45%的农户则明确

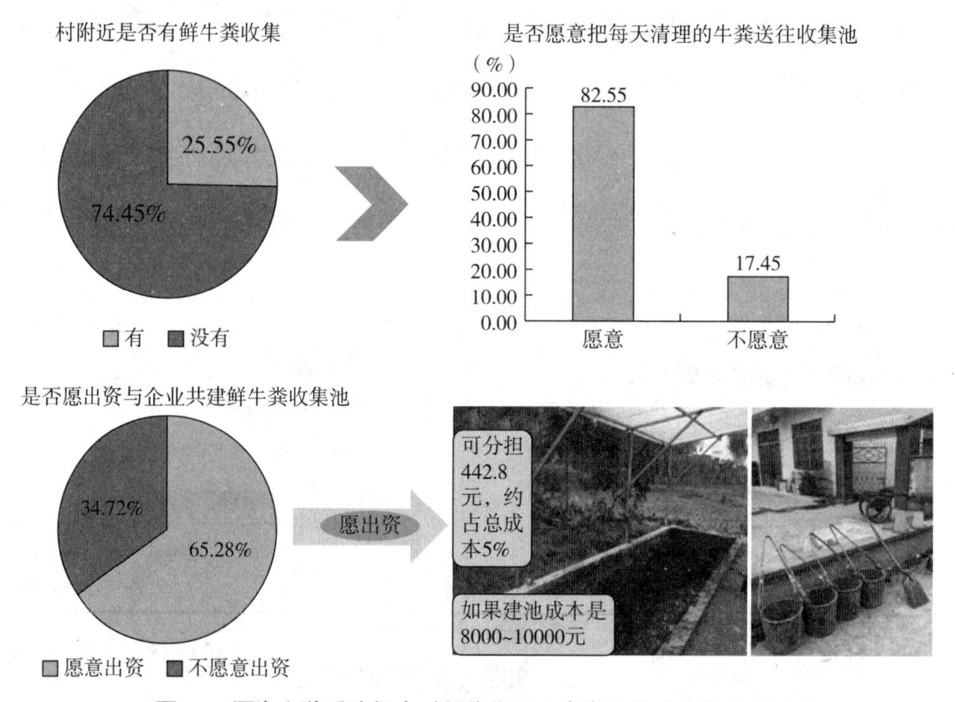

图4-6 洱海上游受访奶农对村收集处理牛粪和共建收集池意愿

表达不愿意，说明大多数农户还是渴望改善现有农村居住环境，期待建立牛粪收集池来解决牛粪随处堆积的问题。

通过进一步调研发现，愿意把牛粪拉到收集池的农户里，更喜欢用牛粪直接换肥料用于还田的人数占到 67.17%，其余的农户则更愿意把牛粪拉到收集池卖掉而在春秋还田季的时候再从肥料企业购回肥料（表4–4）。

表4-4　牛粪送到收集池初步发酵后的交换方式

交换方	物物交换（牛粪换肥料）			货币化（直接卖钱）		
	正好够用	用不完	不够用	卖牛粪换钱	卖牛粪后再根据自己需要买收集池初步发酵的有机肥	卖牛粪后根据自己需要买商品有机肥
个数	178			33	49	3
占比	67.17%			12.45%	18.49%	1.13%

实际上，村收集池的建造，除了农户分担5%的成本外，政府可以通过项目的形式来支持村收集池建成，和给予奶农运送牛粪成本的补贴支持，并以村为单位，对实际执行环保效果好的奶农给予奖励支持，具体思路见图4–7。此外，企业与农户在有机肥交易方面，若以合理的价格收购鲜粪、按合理的比例进行“肥肥交换”以及支付垫料成本等，都可积极影响村收集池集中处理散养牛粪由计划或理念变为实际行动。

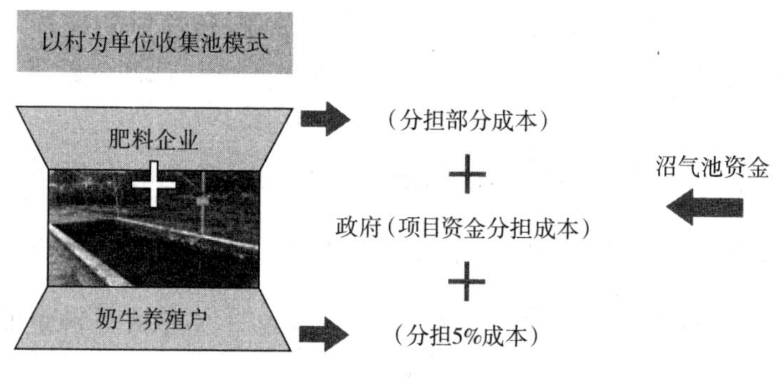

图4-7　以村为单位牛粪收集池建设思路

2 洱海流域农区受访农户种养环节成本效益分析

2.1 受访奶农牛粪清理运送成本比较

一般认为，理性的经济人不会采取任何会增加其生产成本的行为，对于特定奶农接受"转变养殖方式""使用清洁生产技术"之安排的经济底线，是"生态补偿足以弥补因限制发展或增加处理粪便复杂性而付出的机会成本"。否则很难有奶农会"心甘情愿"地采纳新型奶牛粪便处理模式，也很难有外部力量能"真正"转变奶农的行为方式。通过调研可知，仅有15.3%的奶农将自家耕地消纳不完的牛粪卖给肥料加工企业来换取收入，高达84.7%的奶农从未卖过牛粪。虽然两者处理牛粪方式不同，但都需要清运成本。前者负担的是将牛粪清运到牛粪收集站/点的成本，后者负担的则是将牛粪从牛圈清运到田间地头的成本。由图4–8表明，清运成本是由清运燃油成本和人力成本两部分组成的。日常选择卖牛粪的奶农清运牛粪需要付出的燃油成本和人力成本分别是2.64元/天/户和14.59元/天/户，共计17.23元/天/户。从没卖过牛粪的奶农需要付出清运牛粪的燃油成本和人力成本分别是3.9元/天/户和7.14元/天/户，共计11.04元/天/户。显然，销售牛粪农户的清运成本远高于不销售牛粪的农户。

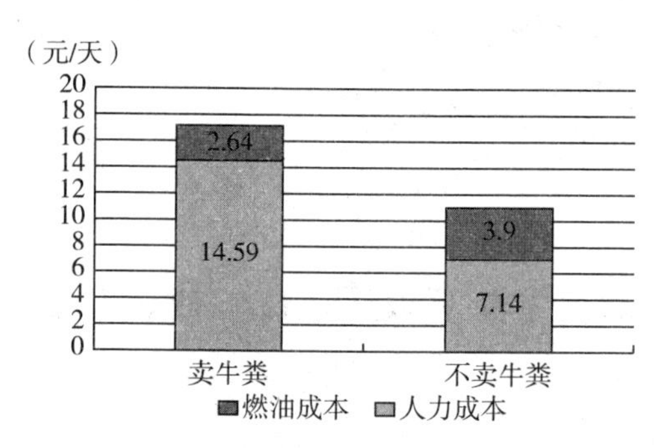

图4-8　是否卖牛粪两种日均成本比较

为方便村镇大多数农户清运、出售牛粪而建立“村镇牛粪收集池”，调查奶农预期建池的平均距离为距离村中心579.77米（表4–5）。这与奶农日常堆放牛粪的平均距离504.04米相差较少，反映出农户的潜在心理是希望在距离村中心较近、方便牛粪运送的地方建立牛粪收集池。调研还统计了在预期距离内奶农需要负担的牛粪清运成本为12.78元/天/户，低出销售牛粪奶农清运成本4.45元/天/户，高出从不销售牛粪奶农清运牛粪成本1.74元/天/户，这说明收集池选择合适距离进行建设不仅能为农户带来便利，改善环境，而且还能减缓收集池距离太远给农户带来的高清运成本问题。另外，奶农若为保护生态环境同意采纳村镇收集池的方式，适度集中清运处理牛粪将增加清运成本1.74元/天/户，相当于收入减少1.74元/天/户，这样奶农的机会成本将达到635.1元/年/户。因此，政府需要对奶农按年给予相应补偿来弥补机会成本的损失，以鼓励奶农积极使用村镇牛粪收集池来清洁处理各家多余的牛粪。建议以此标准连续给予奶农5年的补贴，以达到引导奶农形成新型的、清洁的、高效的牛粪处理习惯的目的，最终实现对该区域散养奶牛粪便面源污染的规模化防控与治理。

表4-5　散养奶农清理牛粪运送不同收集存放点距离与成本

类别	收集位置	平均成本（元/天）			平均距离（米）
附近有牛粪收集站	送往收集站	人力	14.59	17.23	953
		燃油	2.64		
附近无牛粪收集站	送往田头	人力	7.14	11.04	504
		燃油	3.9		
村建收集池	送往村收集池	人力	8.98	12.78	579.8（预期距离）
		燃油	3.82		

喻永红等（2014）、俞海等（2007）学者在研究森林和流域的生态补偿标准时，引入了生态系统服务功能价值法，并以此法核算的补偿标准作为上限，机会成本法核算的补偿标准作为下限。鉴于“村镇牛粪收集池”的生态服务价值实际难以计算，或者即使可以估算，但因额度太高导致政府难以实际补偿。本文转变思路，利用机会成本法，核算奶农因参与环保实践而减少的经济收入，并以此提出激励方案，即根据后期奶农参与环保实践积极性的高低和完成情况的好坏给予一定奖励，达到控制资金额度和长期督促激励奶农实施环境友好型行为的目的。

2.2 收集站与村收集池有机肥生产成本比较

通过实地调研顺丰肥料企业可知（表4-6），每生产1吨有机肥的实际成本达到971.4元/吨（收集站A）。如此高昂的成本费用，是普通农户承受不起的。生产成本高的原因主要是企业为了提升有机肥的有效养分含量而添加了许多其他供给养分的材料，而这些材料包括烟末、草炭、普钙等成本不低的原料，加之运进集中生产车间存在运输费、人力费、场地租赁费以及其他管护费用（涉及搅拌、装袋、电费、燃油、袋子等）等。如果减少昂贵的烟末原料的使用，在其他成本不变的情况下，企业生产1吨有机肥的成本也要656元（收集站B），这对普通农户来说依然是昂贵而不可承受的。

但是如果我们在老百姓预期的、较理想的村附近建立集中收集池，且不添加烟末，那么初级发酵加工出的有机肥，在运输成本、人力费用和后续管护费用减少及场地租赁费用减半的情况下，生产1吨有机肥的成本是380元（村收集池），相对来说是老百姓可以接受的，且通过这种方式堆沤的肥料也比老百姓自己堆积沤制的有机肥肥效要好，老百姓非常欢迎。因此，这为以自然村为据点建立收集池提供了可能性。老百姓享受实惠，企业大幅度节约成本，通过村级收集，有机肥生产成本可以降低42%～61%。

表4-6　**洱海上游村级收集池与企业肥料厂生产有机肥成本比较**

收集场地	原料						运费（万元/月）	人力（万元/月）	场地租赁（万元/月）	[d]其他费用（万元/月）	成本（元/吨）
		牛粪	烟末	草炭	普钙	合计					
收集站A	单价（元/吨）	80.00	700.00	300.00	300.00		0.26	0.17	0.50	183.33	971.39
	有机物干物质比重（比例）	4.00	3.00	2.50	0.50						
	鲜重含水量（%）	90.00	70.00	5.00	5.00						
	干重含水量（%）	30.00	10.00	5.00	5.00						
	月收购原料鲜重（万吨）	0.67	0.50	0.17	0.03						
	月收购原料干重（万吨）	0.27	0.20	0.17	0.03						
	合计月原料收购价（万元）	53.33	[a]350.00	50.00	10.00	463.33					
收集站B	月原料收购价（万元）	53.33	[b]140.00	50.00	10.00	253.33	0.26	0.17	0.50	183.33	656.39
村收集池	月原料收购价（万元）	53.33	[c]0.00	50.00	10.00	113.33	0.00	0.00	0.50	[e]64.17	380.36

数据来源：通过与企业技术负责人面对面调研获取整理而得。a表示使用鲜烟末100%；b表示仅用40%烟末；c表示完全不用烟末。d其他费用表示牛粪运进收集站后还将涉及人工、搅拌、装载、电费、燃油、包装袋等费用，因此需要追加250～300元/吨成本，平均约275元/吨；e表示后续成本减半。

2.3 散养户奶牛养殖成本效益

大理白族自治州农业地块分散，人均耕地普遍较少，散养奶牛是当地农户很重要的生产资料和经济来源，而且当地奶牛散养是一种短时间内不会改变或消失的传统谋生方式。通过实地一对一调研散养奶农发现（表4–7），散养过程中饲料直接成本占到总成本的57%，而人工成本开支也是一笔不小的费用，达到39%。基于一般散养奶农科学饲养意识薄弱、科学观念不强等缺陷，粗放养殖的结果是奶牛体质弱、病多、产奶期短、产奶量和质量均不高，导致奶价低，最终奶农收益不高。如果不计算人工成本，一般散养奶农的收益也就3130元/年/头牛；当计算人工成本后，其奶牛养殖收益为负，呈现亏本状态。

表4-7　洱海流域散养户一头奶牛（泌乳期210天）养殖成本效益

饲料	人工	配种	医疗防疫	总成本	产奶量	单价	毛收益	[a]净收益	[b]净收益
元/年	元/年	元/年	元/年	元/年	千克/年	元/千克	元/年	元/年	元/年
6584	4530.9	60	404.8	11579.7	4619.7	2.1	9787.2	3130.7	–1400.2

数据来源：课题组实地调研整理计算。a表示不计人工；b表示计算人工。

饲料成本包括了精饲料和粗饲料两个方面，分别是21.2元和11.6元/天/头；人工成本包含了喂饲和清粪两个主要内容，分别投入成本14.9和6.7元/天/头（图4–9）。

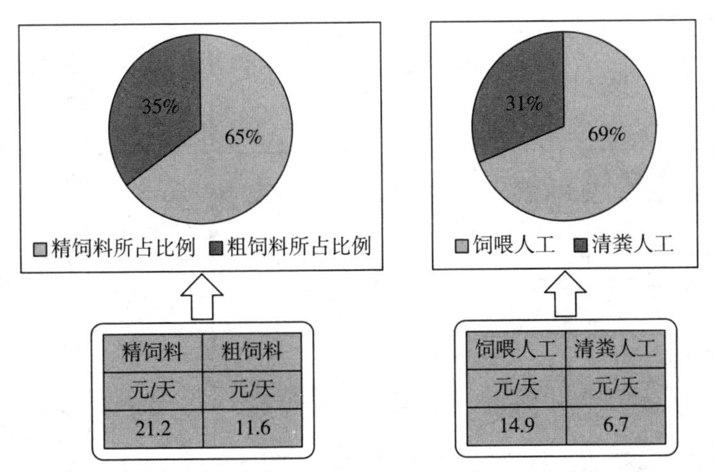

图4-9　洱海流域一般散养奶牛每天喂饲奶牛投入饲料和人工成本

2.4　散养与适度规模奶牛养殖成本效益

按照标准奶牛养殖小区（300头奶牛/小区）的国家规模标准，设定300头奶牛/小区为洱源县梅和村集中式奶牛托养合作社托养奶牛模式的适度规模。

在适度规模养殖下（表4-8），每头牛每日产奶量至少可增加2千克，人工管理成本、奶牛防病成本、饲料成本则大大降低，可分别降低50%、50%和20%左右。而标准化、规范化的奶牛养殖与机械挤奶不仅提升和确保了牛奶的品质与安全，也提升了奶价，增加了奶农的经济效益。因而，适度规模托养较散养而言，养殖成本可由当前的25667.5元降到16839元，成本降低了8828.5元（实际上是节省的治

表4-8　洱海流域散养户与适度规模养殖一头奶牛（泌乳期305天）的养殖成本效益

养殖方式	产奶量	平均日产奶量	平均奶价	医疗防疫	配种	饲料	物料成本	人工成本	总成本	毛收益	产奶5吨纯收益	至少净增收益（元/年）
	千克/年	千克/天	元/千克	元/年	元/年	元/年	元/年	元/年	元/年	元/年	元/年	
传统散养	5490.0	18.0	2.8	150.0	50.0	13267.5	13467.5	12200	25667.5	15372	1904.5	
现代托养	可增千克/年	可增千克/天	可增元/千克	不变	可降50%	可降15%～20%	大幅度降	可降低50%	大幅度降	增加	增加	
	610	2	3.8		75	2653.5	⇩	6100	⇩	⇧	⇧	11147

* 数据来源：调研大理州畜牧局奶牛养殖专家整理而得数据；其中，饲料成本按43.5元/天喂饲305天计算，现实中，老百姓将稻草和青草也不算成本。人工成本按40元/天来计算。

病成本75元+节省的饲料成本2653.5元+节省的劳动成本6100元），相当于净增收益约8829元，加之产奶量增加带来的增收，实际至少可净增收入约11147元（含增长产奶量610千克，按3.8元/千克销售所得的增加收益，即2318元）。即便是按老百姓算法，不算自己的人工成本来核算，其奶牛饲养物化成本可因节省治病成本75元和节省饲料成本2653.5元，由当前的13467.5元降低到10739元，加上产奶量增量带来的收益2318元，实际可增加净收入5046.5元。

从进一步享受适度规模化养殖红利的角度来看，托养模式所带来的经济效益，除了可以保证散户奶农过去5年的平均收益或入托前的收益水平外，奶农还能凭借合作社社员身份获得适度规模托养下增值收益部分的年终分红；而通过加入合作社把奶牛全权托养到托牛所后的奶农，将有机会开拓新的就业，进而获得新的收益；规范化、标准化的科学饲养，又大大降低了奶牛的病死率，即便有病死的情况发生，其保险费用赔付水平也可以由平常散养条件下的6000元/头增至1万多元/头，极大减少了养殖的收益风险；加之有序科学的奶牛品种改良，不仅使奶牛更加健壮健康、产奶效率提高，也进一步打开了确保奶农收益持续上升的通道。再通过合同订单式与品牌乳业的“联姻”，更可实现牛奶初、深、精加工产业链的无缝连接，建立牛奶从牛棚稳固输向市场的健康有序的通道。

因此，参与适度规模托养奶牛的奶农，其实际净收益可通过如下公式表示：

NI=A+B+C+D+E+F+G+H

其中，NI代表净收益（Net Income）。

A：奶牛散养条件（基本产量+散养销售价格）下卖奶的基本收益；

B：适度规模托养条件下净减少的饲养成本；

C：适度规模托养条件下产奶增量的收益（散养销售价格）；

D：适度规模托养条件下奶价提升的收益；

E：适度规模托养条件下社员身份的年终分红；

F：适度规模托养条件享有高于散养奶牛死亡赔付水平（6000元/头）的增量赔付部分；

G：加入合作社把奶牛全权托养到托牛所后，散养奶牛农户因为新的就业获得的新的收益；

H：适度规模托养后，集中奶牛粪便管理还可从牛粪的销售中获得利益。

通过比较山东泰安岱岳区同和奶牛养殖专业合作社高低产奶牛分类适度养殖成本效益（表4-9）可见，高产奶牛每年每头的净收益为8768.9元，远高于洱海流域不计人工成本的奶牛养殖散户的收益。合作社低产奶牛的净收益为1026.1元/头/年，而洱海流域奶牛养殖散户在计人工的情况下收入为负。

表4-9 泰安合作社高低产奶牛分类适度规模养殖成本效益

养殖方式	精饲料	粗饲料	总喂饲成本		人工	保险	医疗	配种	总成本	牛奶销售收入		净收入
	元/天	元/天	元/天	元/年	元/年/头	元/年	元/年	元/年	元/年	千克/天	元/天	元/天
高产奶牛	38.3	17.9	56.2	20515.8	1234.3	60	300	150	22110.1	23.5	38.3	17.9
低产奶牛	24.2	8.9	33.1	12096.4	1234.3	60	300	150	13690.7	11.2	24.2	8.9

数据来源：泰安同和奶牛托养合作社调研数据整理而得。

表4-10 泰安合作社高低产奶牛分类适度规模养殖每天每头精料粗料喂饲成本比较

奶牛		精料		碳酸氢钠		盐		除霉剂		乳安邦		脂肪粉		合计
		千克/天	元/千克	千克/天	元/千克	千克/天	元/千克	千克/天	元/千克	千克/天	元/千克	千克/天	元/千克	
精料	低产	7	3	0.1	1.9	0.1	1.3	0.008	45	0.04	55	—	—	24.2
	高产	11.1	3	0.2	1.9	0.2	1.3	0.01	45	0.05	55	0.2	7.6	38.3
奶牛		苜蓿草		黄贮		全株		—						合计
		千克/天	元/千克	千克/天	元/千克	千克/天	元/千克	—						
粗料	低产	1.6	2.5	30.4	0.2	—	—	—						8.9
	高产	3.9	2.5	22.2	0.2	11.1	0.4	—						17.9

数据来源：泰安同和奶牛托养合作社调研数据整理而得。

根据产奶能力分类养殖，可以大大节省饲料成本，提高单位饲料的产出效益。尽管在精饲料投入成本上比粗饲料都要高，但高产奶牛的精饲料投入依然比低产奶牛要高，且粗饲料的喂饲也遵循这一特点。高产奶牛和低产奶牛在精饲料和粗饲料喂饲成本上前者都要高于后者近8元/天/头（表4–10）。因此，洱海流域奶牛适度规模养殖还可以借鉴山东泰安岱岳区同和奶牛养殖专业合作社高低产奶牛分类养殖模式，开展养殖。

2.5 双孢菇种植成本效益

由表5–7可见，洱海流域按500平方米标准的菇棚计算，工厂化种植双孢菇获得的纯收益可达到13.3万元（周年四季），而传统菇农仅收获5547元（秋季），但是如果企业引导菇农生产双孢菇（秋春两季），仍可获得年纯收益2.7万元。

表4-11　　洱海流域双孢菇种植成本效益（按500平方米标准棚预算）

单位：元

	原料费	菇棚建设	基质成本	毛收益	净收益	出菇管理	纯收益
工厂化 周年四季	20400	130000	16590	200000	154343	21600	132743
传统菇农 秋季	10200	50000	12060	37500	11907	6360	5547
企业+农民 秋春两季	20400	50000	18360	75000	32907	6360	26547

传统菇农的收益较低，主要是因为物料投入和人力成本都较高（图4-10）。企业的支持可大大降低相关成本投入费用。所以，在洱海流域地区要发展双孢菇种植，走企业+农民主体之路，不失为一条高效的带农致富之路。

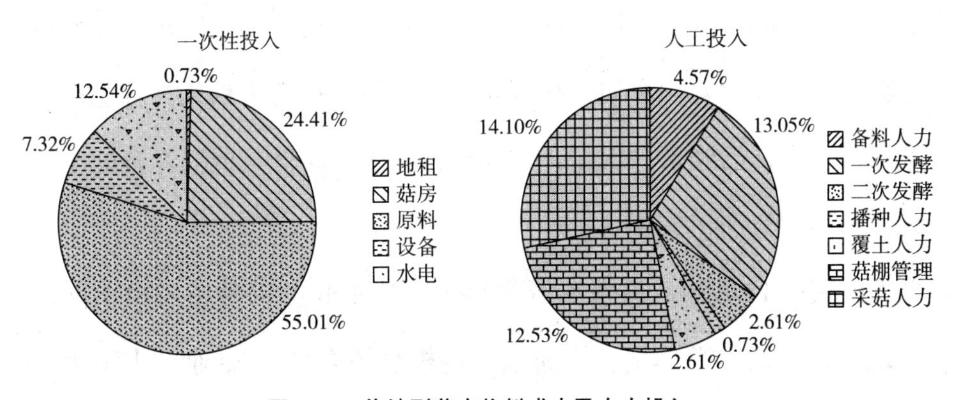

图 4-10　传统型菇农物料成本及人力投入

2.6　不同规模经营水稻生产成本效益

通过受访小农种植面积的统计分析可知，其经营耕地面积规模很小，0.33 公顷以下受访户占83.5%，平均仅为0.25公顷。而受访的4 家规模经营种植者，其耕地经营面积都比较大，其中银东合作社种植大蒜，规模面积20 公顷；江农合作社、半边天合作社和玉食公司均规模种植水稻，分别是17.9 公顷、35.1 公顷和666.7 公顷。四家规模经营主体，其规模经营主要有专业合作社+农户和公司+合作社+农户两种类型。除半边天合作社受访负责人为女性外，其他均为男性。大部分为初中文化，年龄均在50 岁左右，都具有丰富的农事生产经营经验。核心成员（1~5 人）以入股形式参与，各自按其入股比例进行年收益分成。而入社普通成员介于10户到100 户之间，仅能获得自家农地转出租金和可能在农忙被临时雇用的雇用工资。因四家规模经营特征为规模种植大蒜和水稻，在其规模经营后衔接的水稻或大蒜生产季又回归小农自己经营，因此，其规模种植收入高低与他们经营的土地面积和作物类别相关。

由表4–12可知，洱海流域水稻生产成本收益因种植规模不同而发生明显变化。总体上，三家水稻规模种植合作社/企业，水稻生产平均物料投入和平均人力投入都比散户投入要低很多，分别仅为散户平均投入的62.5%和48.5%；而平均单产却高出散户1065 千克/公顷，达到9495 千克/公顷。尽管合作社/企业水稻收后的平均销售价格要低于散户，但因其物料和人力成本投入低的显著优势，无论是在计人工还是不计人工投入成本条件下，水稻规模种植均比小面积散户经营所获净收益高很多，分别达到13680元/公顷（计人工）和27510元/公顷（不计人工），表现出明显的规模效益优势；相比之下，散户种植水稻几乎是不赚钱或是一项赔本的经营。

表4-12　　不同规模经营水稻生产成本收益均值

经营规模类别	物料（元/公顷）	人力（元/公顷）	总成本（元/公顷）	产量（千克/公顷）	单价（元/千克）	毛收入（元/公顷）	净收益（元/公顷）	
							计人工	不计人工
规模种植	5865	13830	15695	9495	3.7	33375	13680	27510
散户种植	9377	28470	40155	8430	4	36885	–4065	25215

从水稻种子、育秧、机械、肥料、农药和灌溉生产物料投入成本方面来看，除灌溉费用在同一地区保持一致外，规模经营下机械成本投入高出散户6%，而其他物料成本投入明显低于散户经营。散户物料投入成本占比较大依次是种子费（19.6%）、肥料（12.2%）和农药（5.3%）；而规模经营则表现为机械（70%）和肥料（11%）。合作社/企业在种子、育秧和肥料投入上可以获得政府补贴支持，同时因使用良种、机械育秧和优化肥料使用量，大大节约了相应成本，体现出政府对规模经营的大力扶持和明显的规模经济性。当地相关部门根据其绿色、有机种植方式等不同，给予规模化水稻生产肥料施用补贴1125 ~ 2970元/公顷。而人工成本投入明显是散户比规模经营高，规模经营在育秧、插秧、施肥、施药、灌水和收获人力投入方面，分别较散户经营节省成本68.6%、43.5%，3.7%、8.2%、52.3%和55.4%（表4–13）。

表4-13　　不同规模经营水稻生产物料与人力投入成本构成

单位：元/公顷

		种子（补贴）	育秧（补贴）	机械（补贴）	肥料（补贴）	农药（补贴）	灌水（补贴）	总计
物料成本	均值	225（0～450）	240（180～240）	4125（0）	690（1125～2970）	105（0）	480（0）	5865（1305～3660）
	散户	2299	653	3875	1437	635	479	9377
人力成本		育秧环节	插秧人工	施肥	施药	灌水	收获	总计
	均值	1262	3859	3105	78	969	4550	13823
	散户	4005	6841	4944	429	2056	10201	28476

2.7　不同规模经营大蒜生产成本效益

由表4–14可见，洱海流域不同规模大蒜种植成本都比较高，平均达到12000元/公顷。规模经营的合作社较散户大蒜生产总成本降低约8%，主要在于其物料投入成本比散户减少16%，而劳力成本间差别不大。在单产上，合作社又较散户高出约4500千克/公顷，达到22500千克/公顷；加之销售价格又比散户高出近3元/千克，合作社规模生产大蒜总毛收益远远高于散户平均值。因合作社规模经营所显示出的物料成本优势，无论是在计或不计人工投入成本条件下，大蒜规模种植均比小面积散户经营所获净收益高很多，分别达到87810元/公顷（计人工）和96720元/公顷（不计人工），表现出明显的规模效益优势；相比之下，散户种植大蒜（计人工）依然处于亏损状态。

表4-14 不同规模经营大蒜生产成本收益

经营规模类别	物料（元/公顷）	人力（元/公顷）	总成本（元/公顷）	产量（千克/公顷）	单价（元/千克）	毛收入（元/公顷）	净收益(元/公顷)	
							计人工	不计人工
银东合作社	72840	41850	114690	22500	9	202500	87810	96720
散户均值	86760	38100	124875	18120	6.7	121080	–3780	34320

具体到大蒜生产，涉及种子、肥料、机械、农药、灌溉和农膜等物料投入成本构成来说，如果不考虑当地政府鼓励规模经营合作社而给予有机肥施用补贴的因素，合作社与散户种植大蒜成本并没有明显差异。散户与合作社比较，虽在机械、灌溉和农膜方面投入不大，但在种子和肥料投入上却远高于合作社，尤其是种子成本高出17000元/公顷，这是散户与合作社大蒜种植总成本差异的主要原因。其中，合作社的大蒜种子成本投入低，与其购种量大可以获得较低单价有关。合作社的肥料成本投入低则与当地政府给予规模化大蒜生产有机肥市场价（980元/吨）80%的补贴支持有关。合作社只需要支付20%的成本费用，大大节约了相应成本，体现出明显的规模经济性和政府对规模经营的大力扶持态度。而人工成本投入方面，合作社以收获、播种和施肥环节的人力成本投入较大，分别占其人力总成本的53.8%、21.5%和14.3%；而散户人力成本投入以收获、播种和整地耘地环节较大，分别为42.3%、25.9%和17.5%（表4–15）。

表4-15　　不同规模经营大蒜生产物料与人力投入成本构成

单位：元/公顷

		种子（补贴）	肥料（补贴）	机械（补贴）	农药（补贴）	水（补贴）	农膜（补贴）	总计
物料成本	合作社	56250（0）	11940（11460）	1950（0）	900（0）	300（0）	1500（0）	72840（11460）
	散户	73051.5	12580.5	0	952.5	177	0	86773.5
人力成本		播种	施肥	整地耘地	撒药	灌水	收获	总计
	合作社	9000	6000	1200	2250	900	22500	41850
	散户	9868.9	3543	6669	838.5	1066.5	16117.5	38104.5

2.8　不同规模稻、蒜种植化肥N投入量分析

由于大蒜种植属于效益较高的经济作物生产，投劳较多。在洱海流域，一般粮食作物种植的合作社，主要选择水稻进行规模种植，水稻收获后，又将土地还给散户自己进行大蒜生产；而蔬菜合作社则是在大蒜收获后，部分田改种水稻和部分田地继续种植其他蔬菜。大蒜生产特别耗肥，散户在平均每公顷施用45～75吨农家肥（包括部分商品有机肥）的情形下，还习惯施用过量无机肥料，如尿素和复合肥等，导致大蒜收获后当季土壤养分残留量较高；而下茬水稻生产季农户依然会追施无机肥，并采用大水漫灌方式进行管理，导致农田过量养分通过田面径流或田间渗漏等方式排入地表水体，从而带来严重的

农田面源污染风险，影响到洱海流域的水质安全。

理论上，通过规模经营的方式，采用环境友好型种植技术，可以有效减少无机养分的投入量，从而达到控制和减少农田面源污染的目的。近年来的研究证实，洱海流域可确保作物稳产或略增产并降低氮素流失风险的环境友好型大蒜—水稻种植模式，无机施氮合理量为345～570 千克/公顷（大蒜）和105千克/公顷（水稻）（杨怀钦等，2007；龚琦等，2010；刘志坤，2015）。比较当地合作社/企业与散户稻—蒜轮作模式生产过程中无机肥料N投入水平（表 4-16），散户在水稻和大蒜生产中所投入无机养分N的水平分别高出环境友好型种植方式9%和36%（区间均值），化肥氮减施存在较大的空间；而合作社或企业，无论是水稻种植还是大蒜种植，通过规模经营实现了农田无机养分N投入都符合并低于环境友好型种植无机养分投入水平，极大地减少了农田面源污染，保护了农业生态环境。所有被调研的合作社/企业都不再使用散户习惯施用的速效化肥尿素，取而代之的是有机肥和复合肥，如玉食公司的水稻生产完全采用有机种植模式；江农合作社则从事稻—鱼生态种养模式，在水稻全生育期基肥施用复合肥和有机肥；半边天合作社和银东蔬菜合作社仅施用专用复合肥和有机肥。不过，在洱海流域，这样的种植合作社/企业比重仍然较小，整体发展水平还比较落后，尤其是规范化、标准化环保经营的合作社/企业并不多见。

表4-16　　不同规模稻—蒜种植无机养分N投入水平

单位：千克/公顷

不同经营模式	大蒜生产			水稻生产		
	尿素N	复合肥N	小计	尿素N	复合肥N	小计
散户均值	455.1	167.5	622.6	70.5	44.0	114.5
江农合作社	—	—	—	0	144	144
半边天合作社	—	—	—	0	60	60
玉食公司	—	—	—	0	0	0
银东蔬菜合作社	0	369	369	—	—	—

总的说来，洱海流域这一经济欠发达地区多为小规模经营种植户，无论是粮作水稻生产还是经作大蒜生产，其投入产出与成本收益都比不过规模经营的合作社/企业。不管是计人工或不计人工成本，散户种植稻—蒜经济收益都不高，甚至是赔本，且化肥N过量投入会带来负面的环境风险，这可能与近80%的受访农户受教育程度不高、超过50%的受访农户是中老年人有关。因为受教育程度的提高能增加农户对新技术及环保政策的理解能力，年龄大的农户接受新信息和新知识的程度较慢，对于国家出台的新政策理解能力较为薄弱。因此，越是文化程度低和年龄大的农户，越不会采用环境友好型技术措施。同时，厌恶风险和追求收益的稳定是文化程度低和年老农户的固有思维，使之更倾向于习惯的传统农业技术实践（翟慧卿和吕萍，2010）。任何环境友好型农业技术的实施都需要强大的财力支持，这

就是为什么西方发达国家总是给予环保农业持续较高的补贴（刘培财，2011）。相对而言，较高家庭收入的农户对环境友好型技术实践的投资能力也较高，本文高达70%的受访农户的年收入不足3万元，希望他们自觉采用环保农业技术是不可想象或根本无法实现的。

2017年中央一号文件锁定农业供给侧结构性改革，政策的核心之一就是降低农业生产强度，而只有规模经营才可做到降低农业生产强度，因为规模经营可以因生产要素（流动资本如化肥、农药、良种和其他原料投入）等投入物资的大量购买拥有折扣优惠而大大降低其成本投入强度，因技术的科学性、规范性、标准化使用大大减少化肥的投入强度，因引入固定资产机械的使用大大降低劳动力投入强度等等，同时还增加了生产经营的灵活性与市场议价空间的能力。受访的四家合作社/企业都从规模生产中获得比散户更好的经济效益，一方面都享受到地方政府在良种、复合肥和商品有机肥价格方面的补贴和农业生产投入贷款方面的优惠；另一方面他们注重以消费市场为导向，调整自己的生产尽量符合大众对绿色安全消费需求，其盈利是一种必然的结果。如江农合作社摒弃传统化肥种稻方式改为稻鱼生态种养结合模式，水稻全生育期只在基肥投入有机肥和复合肥，既获得生态品牌水稻的高收益又获得养鱼的收益，还保护了生态环境。玉食公司规模种植水稻，以有机肥施用全部取代化肥，生产出国家认证的绿色稻米，并经过深加工创立洱海品牌大米，通过规模+延伸产业链来获得更大的种植收益。

当前我国仍有超过2亿户“人均一亩三分、户均不过十亩”的小农，抛弃小农经济是不现实的，因为我国的国情是人多地少，大规模的农业经营或者农业商业化还做不到（Luo et al ., 2016）。发展农业适度规模经营在理论界和政策界已形成一种共识（韩俊，1998；许庆等，2011；陈锡文，2013；姚洋，2017）。但规模经济在农业生产中是不断变化的，何为适度规模经济和适度规模经营效果？这在很大程度上取决于评价目标和标准的选择（张红宇等，2014）。对于以家庭为单位，以粮食生产为例，一年两熟地区户均耕种3.3 ~ 4 公顷、一年一熟地区 6.7 ~ 8公顷，其各种资源配置效率是最高的，也是适合现阶段中国的国情和农情的。不同地区可以有差异，如安徽提出集中连片规模应在13.3公顷左右，上海提出经营规模以6.7 ~ 10公顷为宜（李文明等，2015）。而建立规范的土地流转机制，更有助于环境友好型农业生产具有适度规模（黄惠英，2013）。不过，对于合作社或企业经营来说，目前还没有一个明确的适度规模界限，更多地依赖于合作社或企业自身的投资与盈利能力以及各级政府对他们的引导与扶持。因此，对于洱海流域，种植合作社/企业发展水平落后，比重还很小，尤其是规范化、标准化的环保经营的合作社/企业不多见，则需要当地各级政府全方位进一步鼓励扶持，以引导所有散户从传统种植方式向环境友好型种植方式积极转变。

3 洱海流域农区受访农户环保支付意愿及影响因素分析

3.1 条件价值法

条件价值法（Contingent valuation method，简称CVM）是一种简单、灵活的非市场价值评估法（Venkatachalam，2004）。属于模拟市场法，是一种典型的陈述性偏好评估法。它建立在新古典主义经济学和效用最大化原理的基础上（Ferreira & Marques，2015），采用问卷调查的形式，通过模拟市场法来揭示人们对某一环境改善或资源保护措施的支付意愿（Willingness to pay，简称WTP），或者对环境及资源质量损失的接受赔偿意愿（Willingness to accept，简称WTA）（接玉梅等，2011），以此来揭示被调查者对于环境物品和服务的偏好，从而最终得到公共物品价值的一种研究方法，也是当前用于研究环境物品非利用经济价值的唯一方法（陈琳等，2006）。

1963年Davis首次利用CVM方法采用开放式问卷的形式，挖掘被调查者对缅因州林地宿营、狩猎的娱乐价值所支付的潜在最大意愿（Davis，1963）。此后，CVM方法不断被研究者用于评估环境的娱乐、狩猎和美学效益的经济价值。

1986年，美国内务部推荐CVM方法，作为测量自然资源和环境物品价值的基本方法（徐中民等，2002）。1989年Mitchel和Carson对CVM的研究做出了很大贡献，该方法被联邦政府授权为官方的调查研究方法之一，用于水资源项目的经济评估。1993年，美国国家海洋和大气管理局对CVM方法在评估自然资源非使用价值或存在价值方面的可应用性进行了评价，并给出了一些指导性原则（Arrow et al.，1993）。随着环境经济学和生态经济学的迅速发展，CVM方法的应用日趋成熟，在西方国家得到了广泛的应用（Lee & Han，2002；Rahmatian，2005；Lee & Mjelde，2007；Giuliano，2014；Gelo & Koch，2015），当下更是常用于评估环境物品非使用经济价值（Jala & Nandagiri，2015）。

CVM方法在中国的应用始于20世纪90年代末。目前的应用领域不仅仅局限于环境物品价值的评估，已经延伸到农村畜禽防疫、有机食品消费、农业保险等其他领域（黄蕾等，2010）。如今，在中国，CVM方法已经发展得十分成熟。

农户对生态环境保护的支付意愿是采纳调整后的Spike模型（赵

军等，2004；赵军等，2005；郑海霞等，2010），用加权平均的方法来计算的，见公式（1）和公式（2）。一方面，这种方法可以避免简单的算术平均可能受到的极端值的影响（Carson，2000），同时也克服了调查中部分受访者不愿意支付的“零响应”现象（Meyerhoff et al.，2010）；另一方面，此方法可以规避对零响应样本的直接删除（Jorgensen et al.，1999；Benjamin et al.，1999）或者用较小的正数来代替可能造成的样本选择性偏差（Jorgensen et al.，2000），确保得到合理的农户支付意愿。

$$E(WTP_i)=\sum_{i=1}^{n}WTP_i\times p(WTP_i) \qquad \text{公式（1）}$$

$$E(WTP)_{\text{非负}}=E(WTP)_{\text{正}}\times[1-p(WTP_0)] \qquad \text{公式（2）}$$

公式（1）中，n为农户支付金额样本总数，WTP_i是第i个农户的支付金额，p（WTP_i）为第i个农户支付金额所占的频率，E（WTP）正为样本中正的支付意愿的加权平均；公式（2）中p（WTP_0）为零支付的比率，E（WTP）非负表示非负的加权平均支付意愿；农户真正的平均支付意愿介于E（WTP）非负和E（WTP）正之间。

农户支付意愿属于离散选择问题，其影响因素可采用二元Logistic模型来分析（Green et al.，1998；梁爽等，2005；孙世民等，2012）。设因变量“农户的支付意愿”为Y，农户愿意为当地环境改善支付一定费用赋值为1，否则赋值为0。选择影响Y的n个因素分别记为X_1，X_2，…，X_n。具体运用EViews7.0软件，通过建立Logistic回归模型来分析农户支付意愿的影响因素。

3.2 样本基本特征及平均支付意愿计算

表4-17呈现了不同农户的具体支付意愿与占总受访人数的比例。利用公式（1）和公式（2）计算表明，受访农户正的支付意愿“$E(WTP)_{正}$”是131.72元/（年·户），非负支付意愿“$E(WTP)_{非负}$”是106.69元/（年·户），那么洱海流域上游农村居民环境改善支付意愿应当介于106.69～131.72元/（年·户）之间。根据2015年《云南统计年鉴》并结合2015年《云南调查年鉴》，计算可知洱海流域农户环保支付意愿金额占每户家庭年纯收入的0.35%～0.44%，在农户的经济承受范围之内。

表4-17　各支付意愿频率统计及平均支付意愿的计算

各支付意愿及其频率			$E(WTP)_{正}$			
金额	人数	频率	金额	人数	频率	加权支付意愿
0	77	18.64%	50	64	19.05%	9.52
50	64	15.50%	100	57	16.96%	16.96
100	57	13.80%	75	48	14.29%	10.71
75	48	11.62%	40	33	9.82%	3.93
40	33	7.99%	200	21	6.25%	12.50
200	21	5.08%	20	15	4.46%	0.89
20	15	3.63%	10	14	4.17%	0.42

续表

各支付意愿及其频率			E（WTP）正			
金额	人数	频率	金额	人数	频率	加权支付意愿
10	14	3.39%	30	13	3.87%	1.16
30	13	3.15%	500	11	3.27%	16.37
500	11	2.66%	60	9	2.68%	1.61
60	9	2.18%	300	6	1.79%	5.36
300	6	1.45%	150	5	1.49%	2.23
150	5	1.21%	250	4	1.19%	2.98
250	4	0.97%	3.4	3	0.89%	0.03
3.4	3	0.73%	70	3	0.89%	0.63
70	3	0.73%	400	3	0.89%	3.57
400	3	0.73%	700	3	0.89%	6.25
700	3	0.73%	5	2	0.60%	0.03
5	2	0.005	15	2	0.60%	0.09
15	2	0.48%	25	2	0.60%	0.15
25	2	0.48%	80	2	0.60%	0.48
80	2	0.48%	120	2	0.60%	0.71
120	2	0.48%	1000	2	0.60%	5.95
1000	2	0.48%	1500	2	0.60%	8.93
1500	2	0.48%	6	1	0.30%	0.02
6	1	0.24%	12	1	0.30%	0.04
12	1	0.24%	14	1	0.30%	0.04
14	1	0.24%	45	1	0.30%	0.13
45	1	0.24%	90	1	0.30%	0.27
90	1	0.24%	240	1	0.30%	0.71
240	1	0.24%	550	1	0.30%	1.64
550	1	0.24%	600	1	0.30%	1.79
600	1	0.24%	1250	1	0.30%	3.72
1250	1	0.24%	4000	1	0.30%	11.90
4000	1	0.24%				

3.3 变量设定及说明

基于国内针对环境保护支付意愿影响因素的研究结果（黄蕾等，2010；宋金田等，2013；戴小廷等，2014；梁增芳等，2014；张颖等，2014；周晨等，2015；章家清等，2015），结合洱海流域的基本情况，本文将潜在影响农户支付意愿的因素分为农户本身的特征变量、环境污染认知变量、环保知识及政策认知、环保改善行动意愿共四类。其中，对每一类分别选取若干具体可测度的因素作为自变量，共计15个因素，赋值为解释变量X_1–X_{15}。被解释变量Y为是否愿意为当地环境改善支付一定的费用，各自变量的名称、含义、描述性统计分析结果及其对因变量的预期影响方向如表4–18所示。

3.4 模型估计结果

本文运用EViews7.0软件，通过建立Logistic回归模型来分析农户支付意愿的影响因素。EViews的回归结果如下表4–19，主要观测各个解释变量X前的系数（Coefficient）、修正的拟合优度（Adjusted R–squared）、t统计量（t–Statistic）、p值（Prob.）和F统计量（F–statistic）。通常，对于回归分析，不仅要求模型拟合程度要高，而且还要得到总体回归系数的可靠估计量，而该模型结果显示仅

表4-18 **变量描述性统计**

变量名称	变量含义	均值	标准偏差	预期影响
否愿为环境保护支付一定费用（Y）	不愿意=0；愿意=1	0.8136	0.3895	—
农户本身特征变量				
性别（X_1）	女性=0；男性=1	0.5543	0.4970	—
年龄（X_2）	<18=1;18–30=2;31–45=3;45–60=4;>60=5	3.5922	0.8161	-
学历（X_3）	不识字=1;小学=2;初中=3;高中=4;大专=5;本科以上=6	2.7827	0.9515	+
家庭年收入（X_4）	<5000=1;5000–10000=2;10000–30000=3;300000–50000=4;>50000=5	3.0588	0.9315	+
环境污染认知				
环境污染危害认知（X_5）	相当熟悉=1;有一定了解=2;未曾听说=3	2.1504	0.5874	-
目前生活环境是否存在污染（X_6）	不存在=0;存在：不严重=1;一般=2;严重=3;很严重=4;非常严重=5	1.4485	1.1549	+
环保知识及政策认知				
环保性词汇（X_7）	没听过=0；知道1个=1；知道2个=2；……；知道7个=7	2.4791	2.1253	+
有机肥施用好处（X_8）	不了解=0；了解一点=1；了解=2	1.0613	0.8050	+
生态补偿是什么（X_9）	不了解=0；一般了解=1；比较了解=2；非常了解=3	0.4150	0.6945	+
当地生态补偿政策（X_{10}）	不知道=0；知道很少=1；大部分知道=2；全知道=3	0.5822	0.9977	+
土地流转适度规模经营政策（X_{11}）	不感兴趣=0；一般=1；非常感兴趣=2	1.3538	0.7315	+
环保改善行动及意愿				
为改善环境减少化肥农药施用量（X_{12}）	不愿意=0；愿意=1	0.7849	0.4109	+
自家粪污处理利用方式（X_{13}）	没有收集=1；临时存放存在雨水冲刷=2；保存很好无雨水冲刷=3；卖给有机肥厂运费自付=4；卖给有机肥厂运费企业付=5；卖给有机肥厂换回有机肥=6；企业到户收集运费企业付=7	2.3705	0.6835	+
将自家粪污运入村粪池统一处理（X_{14}）	不愿意=0；愿意=1	0.6295	0.4829	+
将自家奶牛入托牛所统一饲养（X_{15}）	不愿意=0；愿意=1	0.4735	0.4993	+

X_5、X_6、X_{12}三个因素在1%的显著性水平下显著，其他12个因素均不显著，模型整体拟合度很低。

表4-19　　15个因素的回归结果

变量	回归系数	标准误差	t检验值	P值
C	0.5250	0.2038	2.5759	0.0104
X_1	0.0313	0.0440	0.7101	0.4781
X_2	0.0298	0.0279	1.0669	0.2868
X_3	-0.0060	0.0246	-0.2447	0.8068
X_4	0.0244	0.0226	1.0818	0.2801
X_5	-0.1089	0.0377	-2.8845^{***}	0.0042
X_6	0.0584	0.0188	3.0973^{***}	0.0021
X_7	0.0079	0.0105	0.7521	0.4525
X_8	0.0106	0.0273	0.3871	0.6989
X_9	0.0360	0.0368	0.9785	0.3285
X_{10}	0.0043	0.0251	0.1696	0.8655
X_{11}	-0.0185	0.0291	-0.6365	0.5249
X_{12}	0.1935	0.0560	3.4521^{***}	0.0006
X_{13}	0.0093	0.0313	0.2970	0.7667
X_{14}	0.0456	0.0475	0.9615	0.3370
X_{15}	0.0170	0.0446	0.3805	0.7038
调整后的可决系数	0.1238			
对数似然值	-152.7616			
F统计量	4.3338^{***}			

注：***表示1%显著性水平。

在前面对多元线性回归模型进行估计时，强调了假定无多重共线性存在，即假定各解释变量之间不存在线性关系，或者说解释变量的观测值之间线性无关（庞皓，2010）。我们对模型的多重共线性及异方差进行了检验，并修正得到最终回归结果（表4–20）。X前系数与理论预期影响方向相同；修正的拟合优度达到0.9999，说明列入模型中的解释变量对被解释变量的联合影响程度很大；且t检验、F检验和p检验在1%显著水平下均显著，这些都说明该模型在整体上高度显著。加权修正后的模型为：

$$Y=0.7599+0.2405X_{12}-0.0160X_5+0.0079X_6$$

该模型显示，X_{12}（为改善环境是否愿意减少化肥农药施用量）、X_5（环境污染危害认知）和X_6（目前生活环境是否存在污染）是影响洱海流域上游农村居民是否愿为环境改善支付最重要的因素，且影响程度表现为$X_{12}>X_5>X_6$。

表4-20　　　　模型最终回归结果

变量	回归系数	标准误差	t检验值	P值
C	0.7599	0.0307	24.7144	0.0000
X_{12}	0.2405	0.0307	7.8428	0.0000
X_5	–0.0160	0.0051	–3.1148	0.0020
X_6	0.0079	0.0025	3.1241	0.0019
调整后的可决系数	0.9999			
对数似然值	152.1990			
F统计量	28.8604			

注：t检验值和F统计量在1%的显著性水平下均显著。

3.5 结果分析

（1）农户本身特征变量性别、年龄、学历和家庭年收入均没有通过显著性检验。这表明，农户本身的特征变量对农户环境保护的支付意愿影响不显著。性别、年龄、学历、家庭收入对农户环境保护支付意愿的影响不显著，这与戴小廷、梁增芳、张颖、章家清等的研究结果相同（戴小廷等，2014；梁增芳等，2014；张颖等，2014；章家清等，2015）。作者对不同案例研究对比发现，在一些能拉开收入差距的城市，家庭收入是在一定程度上会影响居民环境保护的支付意愿，而在收入基本一致的偏远农村地区，家庭收入则不是影响其支付意愿的主要因素。

（2）当地农户对目前生活环境是否存在污染及对环境污染危害的认知均通过了显著性检验，与预期相符。表明认为目前生活环境已经存在污染、对环境污染危害的认识程度越深的农户越愿意为环境保护支付费用。这与章家清和戴小廷的研究结论一致（戴小廷等，2014；章家清等，2015）。

（3）环保知识及政策认知均没有通过显著性检验，说明当地农户对于环保知识及政策的认知对其环境保护支付意愿的影响不显著。出现这样的结果，可能与当地农户环保知识和政策信息量匮乏以及政府的宣传培训缺位相关，进而不影响其环境保护的支付意愿。

（4）环保改善行动及意愿调研中，仅“是否愿意为改善环境减少化肥农药施用量”一项通过显著性检验，且与预期影响方向一致，表明愿意为改善环境减少化肥农药用量的农户更愿意为环境保护支付一定费用。

3.6　结论与政策启示

研究结果表明：

（1）洱海流域上游农村居民对环境污染现状及其危害等的认知程度不高，对环境保护相关政策的了解也很少，但是他们的环境保护意愿比较高。洱海流域上游农村居民环境改善支付意愿介于106.69～131.72元/（年·户）之间，占农户家庭年均纯收入的0.35%～0.44%之间，在农户负担范围之内。

（2）当地农村居民收入水平普遍偏低，这是小部分洱海流域源头农户不愿意为环境保护支付一定费用的主要原因，但是绝大多数农户愿意为环境改善贡献自己的力量，且支付意愿较其他研究结果高。要进一步加强洱海流域环境保护，就要让农户意识到，当地的传统活动对所处生活环境带来的不良影响。

（3）农户环境保护措施采取意愿很高，这已成为当地农户的共识。但是由于农户对新的环境保护措施、行动不了解，如统一建造堆粪池和规模化养殖场（小区）等这样可以实现规模化防控面源污染的清洁养殖发展方式，并没有得到很好的响应。

（4）基于实地调研及以上结论，针对洱海流域农业面源污染的综合防控，还需强化以下政策：

一是强化生态环境保护知识积极宣传培训政策。洱海流域散养农户文化水平程度整体不高，接受新理念、新技术的意识和能力不强。因此，需通过对当地农村典型环保农业人才的培育和引导示范，推进一些具体环保措施的实施及环保知识的宣传，提升农户的环保观念和环保认知，让农户实实在在感受到环保实践带来的好处，促进农户自觉的环境保护行为。

二是要实现奶牛养殖污染防控规模化，首先，离不开发展适度规模清洁养殖，而规模养殖场地的支持是关键；其次，必须借助土地流转等鼓励政策，促进适度规模清洁种植和清洁养殖发展；再次，需要实行多元化的财政支持政策，配套的基础设施建设、品种改良更新和防疫防病等适度规模养殖的措施都需要大量的资金支持，要给予散养农户无息或低息贷款支持，促进适度规模养殖的发展；最后应鼓励民间环保机构共同投资清洁优质养殖，助力养殖污染防控规模化发展。

三是依托市场逐步淘汰奶牛散养模式，并对原散养户开展就业培训等支持政策。通过市场化低质低价行动，对不参与适度规模养殖方式的散户养殖实行自我淘汰。同时，给予不再从事散养奶农免费就业技能、知识培训和转岗期生计保障支持，帮助他们尽快实现再就业。

四是推进环保行动及依据环保效果给予奖励政策。针对所有参与洱海环境保护的涉农主体，对实现了污染防控效果的行为及时给予物质奖励和各种媒介大力宣传的精神激励，对大众的环保行为进行引导和肯定。

4 洱海流域受访奶农牛粪规模化处理意愿Logistic模型影响因素分析

针对洱海流域养殖业面源污染，云南省政府提出补贴云南省大理州顺丰肥业收集散户奶牛粪便和有机肥的生产，但因大理州的奶牛养殖户分布较为分散，即便获得补贴的顺丰肥料企业也难以均匀布局并建设牛粪收集站。这样，距离肥料企业已建收集站较远的奶农，迫于运输压力，其卖粪动力均不足，企业收粪也只能顾及所建收集站半径5公里左右的范围，与政府期望的治污目标还有很大差距。因此，本文提出在各村镇建立以村镇为单位的初加工牛粪收集池，通过“鲜牛粪—初加工有机肥—部分奶农有机肥还田—剩余部分初加工肥料企业运走进行深加工为商品有机肥”的循环模式，既解决收集站有效半径外肥料企业运输成本高和较远村镇奶农卖粪难的问题，又增强了肥料企业和奶农们规模化清洁处理牛粪的动力和意愿，使得现有状态下各方资源实现最优配置。为此，开展大理州奶牛养殖户以村镇为单位通过村收集池集中规模化处理奶牛粪便意愿影响因素研究，对于解决由奶牛散养造成的面源污染问题、促进奶牛养殖业的健康发展具有重要现实意义和实践价值。

4.1　理论分析与研究假设

本文以理性小农学派的奶农行为理论作为分析的理论基础（胡建中和刘丽，2007；顾莉丽，2013；钟杨和薛建宏，2014；刘希等，2015；张贺和张越杰，2016；芦丽静等，2016），针对奶农在村镇附近建立牛粪收集池意愿的影响因素，提出以下4个研究假设。

4.1.1　个人特征

主要指受访者的年龄、性别和受教育程度。一般来说，受访者的年龄、性别和受教育程度对是否愿意建立牛粪收集池的意愿影响可正可负。但很多研究均表明：教育可以增加奶农采用环境友好型农业技术的可能性。一般而言，受教育程度越高的奶农，知识认知体系更为完备，能理解资源循环利用的好处，更愿意保护环境，所以学历高的奶农更愿意建立牛粪收集池。至于年龄而言，年龄越高的人因身体原因不愿意折腾，越不倾向于卖牛粪，奶农支持建立牛粪收集池的意愿并没有那么强烈。因此，本文假定受访者的性别对是否愿意建立牛粪收集池的意愿可正可负，受教育程度对是否建立牛粪收集池的意愿是正的，年龄对是否建立牛粪收集池的意愿是负的。

4.1.2 家庭特征

家庭特征也是影响奶农是否愿意建立牛粪收集池的重要因素。家庭特征一般包括受访者家庭的总收入、收入的来源、养殖奶牛的数量以及耕地情况。理性的奶农在选择是否愿意建立牛粪收集池时必定会考虑家庭的总收入，总收入的多少反映奶农支持建立牛粪收集池的能力。家庭收入中非农收入的多少也是影响奶农是否愿意建立牛粪收集池的重要影响因素，一般认为非农收入越高的人建池意愿越低。养殖奶牛数量和耕地面积同样是影响奶农建池的关键因素，养殖奶牛越多，奶农养殖规模更趋向于规模化养殖，收入就会提高。同时，养殖的奶牛越多牛粪也会越多，牛粪除了还田外，还有剩余。对于剩余的牛粪，考虑到牛粪送收集池售卖不仅能增加收入而且能减少收储场地或空间的麻烦，奶农一般更愿意把牛粪拉到收集池处理，从而建池意愿也会更加强烈。因此假定收入、养殖奶牛数量对建池意愿影响为正，收入主要来源影响为负，耕地面积影响可正可负。

4.1.3 行为方式

主要是指奶农日常堆积牛粪的方式和奶农是否愿意卖掉牛粪。

奶农堆积牛粪的方式有很多种，可分为随意堆放于房前屋后空地和有意识地拉远堆放于田间两大类，具体细分为房前屋后无处理、房前屋后有覆盖、房前屋后池子无覆盖、房前屋后池子有覆盖、田间无处理、田间有覆盖、田间池子无覆盖、田间池子有覆盖8小类。一般认为，奶农不惜增加时间及人力成本，把牛粪拉运到田间有两方面的原因：一方面是这类奶农比较注重生活环境质量，另一方面是这类奶农大多有把牛粪还田的需求，因此他们通常认为拉运到田间的牛粪不再会造成面源污染，加上牛粪还田的需求较大，最终奶农选择卖掉牛粪的可能性就会很小。因此牛粪堆积方式相对来说越复杂，奶农越不愿意建立牛粪收集池，即牛粪堆积方式对牛粪收集池建立的影响为负。奶农是否愿意卖掉牛粪是奶农是否支持牛粪收集池建立的关键影响因素，一般认为奶农卖牛粪的意愿越强烈，奶农支持建立牛粪收集池的意愿越强烈。因此假定奶农卖牛粪的意愿、奶农堆积牛粪方式的复杂程度对牛粪收集池建立的影响均为正。

4.1.4　环保认知

主要指奶农对有机肥的了解程度和对牛粪是否污染环境的认知程度；对有机肥的了解程度主要包括奶农认为哪种牛粪肥效高和奶农是否愿意与企业合作。奶农与肥料企业的合作表现为：企业收购奶农牛粪，奶农低价购买企业有机肥。奶农合作意愿越强烈，卖牛粪行动就会更迅速，建池意愿一般认为也更强烈。张云华等（2004）学者认为奶农是否愿意购买有机肥，并非只是受经济因素的影响，多数情况下还受环境认知和健康意识等非经济因素的影响。因此奶农是否了解牛粪的肥效和奶农是否了解牛粪使用不当给周围环境带来的污染决定了奶农是否愿意购买有机肥，并直接影响奶农的建池意愿。奶农对当地环境污染的认知程度高低代表着奶农是否愿意改变当前生活现状的意愿，一般认为牛粪随处堆积对周围环境产生污染的奶农更倾向于建立牛粪收集池，即迫切希望改善生活环境，减少面源污染。因此本文假定成品牛粪肥效高、奶农是否愿意与企业合作、牛粪是否恶化了环境均与牛粪收集池的建立呈正相关。

4.2 问卷设计和调查抽样

调研采取问卷设计和实地调研的方式。主要包括受访奶农基本情况，家庭耕地、养殖及收入情况、日常堆积牛粪的行为方式及是否卖掉牛粪的意愿、对有机肥了解程度及对环境污染的认知程度、运送牛粪的成本和建立牛粪收集池的意愿等几部分。调研区域选择洱源县的6个乡镇和大理市的3个乡镇。在洱源县每个乡镇随机选择4个行政村，每个行政村依据户主花名册随机等间距抽取10名奶农。在大理市每个乡镇随机抽取1～4个行政村不等，每个行政村问卷为9～11份不等。总计调研了大理市和洱源县321份问卷。通过仔细询问和回访完善，问卷全部有效。样本地区和奶农均为随机抽样，符合统计分析样本抽取的情况。

通过调研可知，受访奶农以男性为主，占总调研比例的62.92%。平均年龄为43岁，说明农村劳动力中青年劳动力较少，大部分劳动力集中在中老年群体中，调研样本符合农村劳动力结构实际情况。受访奶农平均受教育水平为初中学历，家庭平均收入水平在10000～30000元之间，其中收入主要来源于畜牧业，以养殖奶牛为主，生猪为辅。非农业收入占总比的21.18%。在对受访奶农讲解当前牛粪对环境带来的危害时，受访奶农中有82.55%的人表示愿意支持建立村镇收集池，有17.45%的奶农仍然认为这样做太麻烦，表示不愿意支持建立牛粪收集池。

4.3　变量定义

根据前面的研究假设，在构建奶农建池意愿影响因素的计量模型时，引入5类、11个解释变量（表4–21），对奶农规模化清洁处理牛粪的积极性进行解释。

表4-21　　　　　　　　奶农建池意愿影响因素变量说明

变量名称	变量定义	预期影响
奶农建池意愿（Y）	愿意建池=1；不愿意建池=0	–
年龄（X_1）	<22周岁=1；22–35周岁=2；36–50周岁=3；>50周岁=4	–
学历（X_2）	没上过学=1；小学=2；初中=3；高中=4；大专及以上=5	+
收入（X_3）	<5000=1;5000–10000=2；10000–30000=3；30000–50000=4；>50000=5;	+
收入主要来源（X_4）	畜牧业=1；养殖业=2；非农收入=3	–
奶牛头数（X_5）	奶农正在养殖的数量（头）	+
耕地面积（X_6）	奶农正在耕地的面积（亩	不确定
牛粪堆积方式（X_7）	1=屋外无处理；2=屋外有覆盖；3=屋外池子无覆盖；4=屋外池子有覆盖；5=田间无处理；6=田间有覆盖；7=田间池子无覆盖；8=田间池子有覆盖	–
是否想卖掉牛粪（X_8）	1=想卖；0=不想卖	+
哪种牛粪肥效高（X_9）	1=鲜牛粪；2=自家简单堆积的牛粪；3=初次发酵的；4=成品有机肥；5=不清楚	不确定
是否愿意与企业合作（X_{10}）	3=愿意；2=不愿意；1=不确定	+
牛粪是否恶化了环境（X_{11}）	1=是；0=否	+

运用SAS 9.2统计软件对这11个解释变量进行统计分析（表4–22），结果显示各自变量方差和均值一切正常。在回归之前，对这11个变量进行相关性检验。运用SAS9.2统计软件计算其Spearman相关系数（表4–23），结果发现各个解释变量的相关系数均小于0.4，说明相关关系很弱，即认为不存在相关关系。

表4-22　模型中解释变量的描述性统计

变量	样本数	平均值	标准差	最小值	最大值
X_1	321	3.1744	0.7076	1.0000	4.0000
X_2	321	2.9657	0.9264	1.0000	5.0000
X_3	321	3.1277	1.0951	1.0000	5.0000
X_4	321	1.7788	0.7732	1.0000	3.0000
X_5	321	2.8131	2.9319	1.0000	32.0000
X_6	321	4.6107	8.3501	0	140.0000
X_7	321	4.1308	2.0206	1.0000	8.0000
X_8	321	0.4081	0.4923	0	1.0000
X_9	321	0.6250	0.4849	0	1.0000
X_{10}	321	2.7477	0.5550	1.0000	3.0000
X_{11}	321	0.6231	0.4854	0	1.0000

表4-23　各解释变量的等级相关系数

	X_1	X_2	X_3	X_4	X_5	X_6	X_7	X_8	X_9	X_{10}	X_{11}
X_1	1.000	−0.294	−184.00	0.037	−0.038	−0.020	−0.019	−0.054	0.025	0.046	−0.269
X_2	−0.294	1.000	0.216	−0.034	0.0105	0.044	0.012	0.134	0.070	0.015	0.274
X_3	−0.018	0.216	1.000	0.153	0.189	0.249	−0.167	−0.014	0.055	45.000	0.064
X_4	0.037	−0.034	0.153	1.000	−0.325	−0.046	0.025	−0.123	0.132	−0.020	−0.052
X_5	−0.038	0.011	0.189	−0.325	1.000	0.203	−0.035	0.144	−0.029	−0.012	0.096
X_6	−0.020	0.044	0.249	−0.046	0.203	1.000	−0.016	0.025	0.025	−0.004	0.096
X_7	−0.019	0.012	−0.167	0.025	−0.035	−0.016	1.000	−0.017	−0.058	0.068	0.047
X_8	−0.054	0.134	−0.014	−0.123	0.144	0.025	−0.017	1.000	0.221	0.199	0.227
X_9	0.025	0.070	0.055	0.132	−0.029	0.025	−0.058	0.221	1.000	778.000	0.072
X_{10}	0.046	0.015	0.005	−0.020	−0.012	−0.004	0.068	0.199	0.078	1.000	0.113
X_{11}	−0.269	−0.274	0.064	−0.052	0.096	0.096	0.047	0.227	0.072	0.113	1.000

4.4 模型构建与回归分析

近年来，有关农业经济增长与农业面源污染之间关系的研究多采用环境库兹涅茨曲线理论（EKC）（Grossman，1991； Shafik，1992；Panayotou，1993），但由于EKC自身的“虚幻性”和“局限性”而广受争议。基于本文是针对奶农是否愿意建立牛粪收集池实现牛粪的规模化处理的研究，即奶农是否愿意建立牛粪收集池是一个定性分析因素，有奶农愿意建池和不愿意建池两种情况，属于离散性二分变量情景分析，因此，为了更好地得到影响奶农建池意愿的主要因素及各因素的贡献量，本文拟选择建立Logistic模型（葛继红，2011）代替EKC分析方法来探讨影响奶农建池意愿的因素。

Logistic回归分析适用于因变量为二分变量的回归分析，是分析个体决策行为的理想模型。一般情况下，把影响奶农意愿的因素作为自变量，奶农建池意愿作为因变量，令Y=0时表示奶农不愿意建立牛粪收集池，Y=1表示奶农愿意建立牛粪收集池。

Logistic的概率函数定义为：

$$P(y=1)=\frac{1}{1+\exp[-(a+bx)]} \qquad (1)$$

模型改变形式后可以是：

$$\log it(p)=\ln\left(\frac{p}{1-p}\right)=(a+bx) \tag{2}$$

其中a代表截距参数，b代表回归系数，x代表影响y的因素，是解释变量。公式（2）表示的是一元回归。可在此基础上引入多个解释变量做多元回归。模型如下：

$$\log it(p)=\ln\left(\frac{p}{1-p}\right)=b_0+b_1x_1+b_2x_2+\cdots+b_{11}x_{11} \tag{3}$$

在数据处理过程中，采用逐步回归法，即首先将所有的变量都引入回归方程，进行回归系数的显著性检验，得到模型Ⅰ。在回归系数显著性检验时，剔除不显著变量，再进行回归，直到所有的变量显著（陈美球等，2008）。从模型拟合优度检验看，最后一次回归中，模型整体拟合较好，模型和数据拟合的一致百分比较高，达到84.7%。极大似然估计值为192.52，方程通过卡方检验，变量在5%的水平上统计显著，可见最终模型Ⅱ的整体拟合效果良好，回归结果具有可信性（表4–24）。

表4-24　　大理州奶农建池意愿的Logistic回归结果

解释变量	模型Ⅰ		模型Ⅱ			
	回归系数	显著性	回归系数	标准误	ChiSq检验	显著性
C	–4.4889	0.0118	–5.435	1.059	26.346	<0.0001
X_1	–0.424	0.1498	—	—	—	—
X_2	0.591	0.0157	0.685	0.218	9.889	0.0017

续表

解释变量	模型Ⅰ		模型Ⅱ			
	回归系数	显著性	回归系数	标准误	ChiSq检验	显著性
X_3	−0.071	0.7323	—	—	—	—
X_4	0.009	0.973	—	—	—	—
X_5	0.104	0.4094	—	—	—	—
X_6	−0.008	0.7784	—	—	—	—
X_7	−0.074	0.4403	—	—	—	—
X_8	1.482	0.0053	1.7105	0.5088	11.3015	0.0008
X_9	0.241	0.2019	—	—	—	—
X_{10}	2.031	<0.0001	1.8844	0.2855	43.5631	<0.0001
X_{11}	0.073	0.8563	—	—	—	—

通过对计量结果的进一步剖析，可以看出，在影响奶农建池意愿的11个因素中，只有3个因素较为显著，分别是：奶农与肥料企业合作的意愿、奶农卖牛粪意愿和奶农受教育程度。影响程度从大到小以此为：奶农与肥料企业合作的意愿>奶农卖牛粪意愿>奶农受教育程度，对被解释变量的作用方向均为正向。

奶农与肥料企业合作的意愿呈现显著的正相关关系。即奶农与肥料企业合作的意愿越强烈，其支持建池的意愿也越强烈，表明奶农进而会卖掉更多的牛粪。反之，合作意识差的奶农，建池意识也比较淡薄，这与前面假设一致。调查显示，奶农总希望购买低价的肥料。这传达了一个重要信息，即牛粪收集池建立的基础是保证奶农在需要初加工的有机肥用于生产时可以低价购回，没有利益受损发生。

奶农卖牛粪意愿与奶农建池意愿也是呈现显著的正相关关系，与预期方向一致。即奶农卖牛粪的意愿越强烈，建立牛粪收集池的意愿也越强烈。虽然通过牛粪收集池可以实现牛粪的规模化处理，但更重要的是在实现规模化处理牛粪同时，奶农通过卖牛粪增加了额外的收入，而且在需要有机肥还田时可以较低价格购回规模化腐熟的牛粪（此时的牛粪同奶农自家传统方式沤制的牛粪品质一样）。将新鲜牛粪集中堆积于收集池并资源化处理，既改善了环境，又增加奶农收入，还不影响需肥料使用的方便性，奶农怎能不愿意呢。

奶农的受教育程度与奶农建池的意愿呈现正相关关系。即受教育程度越高的奶农越支持建立牛粪收集池；反之，奶农受教育程度越低，其建池意愿越弱。这与前面假设一致。这是因为受教育程度越高，奶农对环境污染的认知越深刻，越能理解和接受政府政策。调研还发现，即便最初认为环保是政府的事而与己无关的奶农，当调研员引导和讲解相关环保知识后，奶农也能转变态度，支持建立牛粪收集池。

奶农的年龄、奶牛头数、耕地面积、牛粪堆积方式、收入主要来源和牛粪是否污染环境等认知变量在计量分析中表现得不够显著，说明这些变量对奶农的建池意愿不具有显著解释作用。其中，造成奶牛头数和耕地规模对奶农建池意愿影响不显著可能与洱海流域奶牛养殖仍以小规模散养为主和种植生产集约化程度偏低有关。

年龄变量未对建池意愿显著影响，则可能与被调研奶农主要是中老年，文化程度偏低，倾向于保守，进而建池积极性不高有关。正如乌云花等（2015）学者指出，奶农年龄越大越愿意恪守散养习惯，拒绝参与规模化养殖。至于奶农对牛粪是否污染环境和牛粪肥效高低的认知以及牛粪堆积方式没能显著影响建池意愿，一方面可能与约70%的被调研奶农认为自家堆制出的农家肥较收集池堆制初级有机肥肥效高、近40%的奶农认为牛粪不会带来环境污染和高达68%的奶农习惯于将牛粪不经过任何处理长期随意堆置房前屋后或田间地头不无关系，进而对建池表示无所谓的态度；另一方面，深层次的原因可能与当下大理州环保培训组织辐射范围窄（王风等，2011），组织方式存在缺陷，奶农对于环保的理解仍不到位导致建池意愿影响低。收入水平及收入来源未能显著影响奶农的建池意愿则更容易理解，因为在奶农们看来，环保与他们关系不大，更多的是政府应承担的责任；调研中约50%被访农户表现出对建立村收集池成本分担的“零响应”（zero response）或零支付意愿。

总而言之，奶农作为一个理性经济人，是否改变行为方式是一个长期动态的过程，在现阶段有些影响并不显著的因素，也许会在未来发展中随着政府环保宣传到位和奶农自身环保认识、观念及要求的提高而逐渐凸显产生积极影响。

4.5 主要结论及启示

通过在云南洱海流域开展以村镇为单位建立牛粪收集池奶农意愿的实证分析，结果表明：奶农受教育程度、奶农是否愿意卖掉牛粪和奶农是否与肥料企业合作是影响奶农建池意愿（即规模化清洁处理牛粪意愿）的关键因素，且该三种因素均对收集池的建立呈现正影响。受教育程度越高，奶农接受环境友好型技术的可能性也越大，这与学历高的奶农涉猎知识面广，对政府政策更易接受和了解有关。奶农是否卖掉牛粪是牛粪收集池建立的前提和必要基础。调查了解到58.94%的奶农愿意卖掉牛粪，还有一部分人不愿意卖掉牛粪。奶农不愿意卖掉牛粪的主要原因是：缺乏年轻劳动力、附近没有牛粪收集站和奶农环保知识薄弱等。因此，提高奶农的环保意识，在村镇附近建立牛粪收集池，提倡并鼓励奶农卖掉牛粪，实现牛粪的资源化、肥料化对保护环境有现实意义。奶农是否与肥料企业合作也是影响奶农建池意愿、牛粪规模化清洁处理意愿的重要因素。奶农与肥料企业合作的意愿，即购买使用有机肥的意愿越强烈，支持建池的积极性就越高。反之，奶农对有机肥不了解，环保意识薄弱，其与肥料企业合作的意愿就很低，支持建池的积极性也很低。

基于此，为实现牛粪集约规模化处理，还需强化以下政策。

第一，加大对环境保护知识的宣传，转变奶农的环保理念。通过海报张贴、手册发放或者讲座现场等一系列手段或集约处理开展“保护洱海月”等活动。以高学历的奶农带动低学历奶农共同学习，强化环保理念，帮助奶农更好地认识到“美丽乡村”的建设的是与自己息息相关的。

第二，进行有机肥知识方面的讲解。即定期组织农业技术人员和专家团队对奶农进行绿色环保清洁生产技术培训，传授农业废弃物循环利用方式，并随时开设田间课堂“面对面”进行环境友好型技术指导，培养奶农的卖牛粪习惯，让奶农了解有机肥的相关知识，提高对有机肥初级生产、加工的了解，逐步提高示范区域内奶农的生产技能、技术含量和组织管理水平。

第三，加大地方政府科技研发力度，简化牛粪收集方式。建议组成以政府为主导、高校科研院所专家为核心成员的新型科研队伍，并拨出专项科研经费开展对牛粪资源化处理的深入研究，提出农户收集牛粪更加简洁有效的建议。

第四，实施有效的生态补偿制度。补偿由两部分组成：一方面，鼓励并倡导3～5户奶农以“团购”形式向肥料企业购置有机肥，肥料企业低价卖给奶农，政府给予肥料企业部分补贴。另一方面，借助“村镇牛粪收集池”的形式提高奶农卖牛粪的积极性，期间奶农损失的收益或增加的成本由政府进行补贴。

第五，鼓励农用地流转及建立奶牛托管所。政府应鼓励农户积极创新养殖方式，引导养殖小区、奶牛托管所的建设，推动奶业生产的标准化、集约化、科学化和现代化的良性发展。此外，积极引导奶牛散养户加入托牛所之余，鼓励小规模种植户农用地流转，以结合地区植被、土壤肥力、耕地面积、人力资源等规划畜禽养殖量，实现种养平衡区域一体化，彻底防控面源污染。

5 洱海流域受访奶农分担养殖粪便村收集池成本意愿及支付强度影响因素

现有研究多是基于Logit、Probit模型或条件价值法（CVM）来分析农户参与环境保护行为（环境友好型农业生产）和支付意愿的影响因素，少有农户在产生支付意愿的基础上，支付金额大小受制于哪些因素的研究。基于洱海流域视角对农户参与废弃物循环利用的支付意愿及强度的研究更是极少。鉴于此，针对农户参与洱海流域奶牛废弃物循环利用支付意愿的决策行为分两个阶段进行研究，运用Heckman选择模型进行实证分析：第一阶段考察哪些因素影响奶牛养殖户的支付意愿；第二阶段分析奶牛养殖户在有支付意愿的前提下，影响支付金额大小的因素。以此，为进一步提高奶牛废弃物污染防治的公众参与度及大理州政府治理洱海流域面源污染，提供决策依据。

5.1 数据来源

选择大理州的大理市和洱源县9个乡镇32个村的奶农进行实地走访和面对面交流调研，共发放调查问卷321份，有效问卷276份，样本有效率达85.98%。其中，凤羽镇37户，茨碧湖镇27户，右所镇36户，邓川镇36户，三营镇36户，牛街乡37户，上关镇33户，喜洲镇27户，银桥乡7户。在接受访问的276名农户中，实际愿意参与奶牛废弃物循环利用的环保行为并支付费用的农户共173户，占有效问卷的62.68%，具体情况见表4–25。

表4-25 具有不同个人特征向量的农户参与奶牛废弃物循环利用的支付意愿比例

	组别	参与废弃物循环利用付费的农户		未参与废弃物循环利用付费的农户		总计
		人数	比例（%）	人数	比例（%）	
性别	男	110	63.58	66	36.42	173
	女	63	64.08	37	35.92	103
年龄	<22周岁	3	75.00	1	25.00	4
	22～35周岁	29	65.91	15	34.09	44
	36～50周岁	104	68.87	47	31.13	151
	>50周岁	37	48.05	40	51.95	77
学历	没上过学	7	50.00	7	50.00	14
	小学	31	55.36	25	44.64	56
	初中	80	61.54	50	38.46	130
	高中	43	72.88	16	27.12	59
	大专及以上	12	70.59	5	29.41	17
总计		173		103		276

5.2 解释变量的设定及描述性统计

在参考已有研究和进行实地调研的基础上，把影响农户支付意愿及支付意愿强度的因素分为：户主特征变量、家庭特征变量和行为认知变量等3个方面的因素，具体又细分为10项指标。

5.2.1 户主特征变量

一般理论认为，年龄大的农户接受新信息和新知识的程度较慢，对于国家出台的新政策理解能力薄弱。因此，年龄越大的农户，越不会采用环境友好型技术措施，更不愿意为奶牛废弃物的循环利用付费。受教育程度的提高增加了农户对新信息技术及环保政策的理解能力，有助于农户意识到奶牛废弃物不合理使用后带来的资源浪费及环境污染。性别对农户参与奶牛废弃物循环利用的支付意愿影响方向无法直接判断。男性或者女性均有可能表现出强烈的支付意愿，具体情况依赖于该农户的其他个人特征（学历、年龄等）而定。

5.2.2 家庭特征变量

一般认为，家庭收入越高的农户，参与奶牛废弃物循环利用时的支付意愿及强度越高（图4–11）。任何新技术的实施都需要强大的财力支持，较高家庭收入的农户对环境友好型行为的投资能力也较高。

一个农户的非农业收入占比越高，则其从事农业的收入比例就越低，对涉及农业的环境友好型行为的关心程度也越低，因此其参与奶牛废弃物循环利用的支付意愿就越低（图4-12）。耕地面积越多表明农户会更注重农业经营生产的长期性，耕地面积的增加会鼓励农户主动参与到环境友好型行为中，为农户废弃物的循环利用付费（时鹏和余劲，2013）。奶牛养殖头数的多少决定了奶牛废弃物产生量的大小。一方面，奶牛养殖户应为奶牛废弃物造成的污染买单；另一方面，奶牛废弃物的循环利用不仅有助于改善农村生活环境，而且长期有助于增加奶农收益（肥效提高，产量增加）。因此，奶牛养殖头数越多的农户对于奶牛废弃物循环利用的支付意愿就更强。

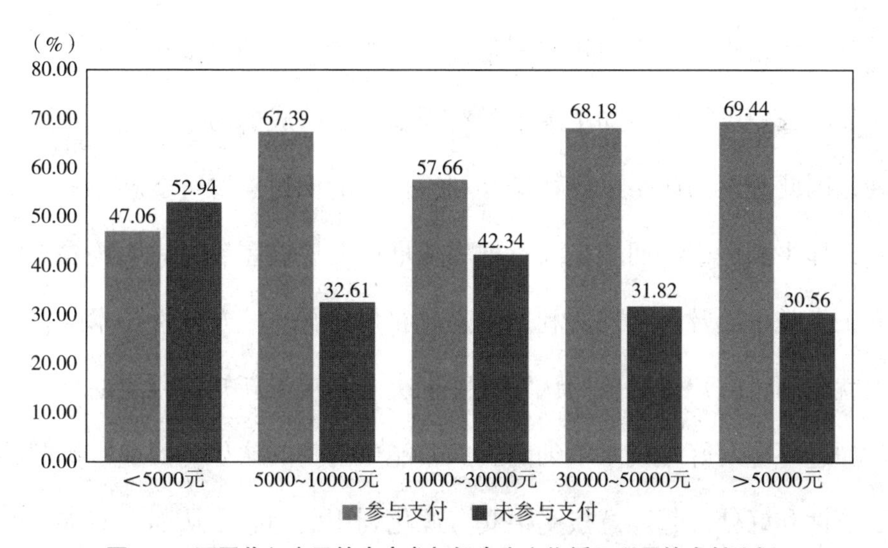

图4-11　不同收入水平的农户参与奶牛废弃物循环利用的支付比例

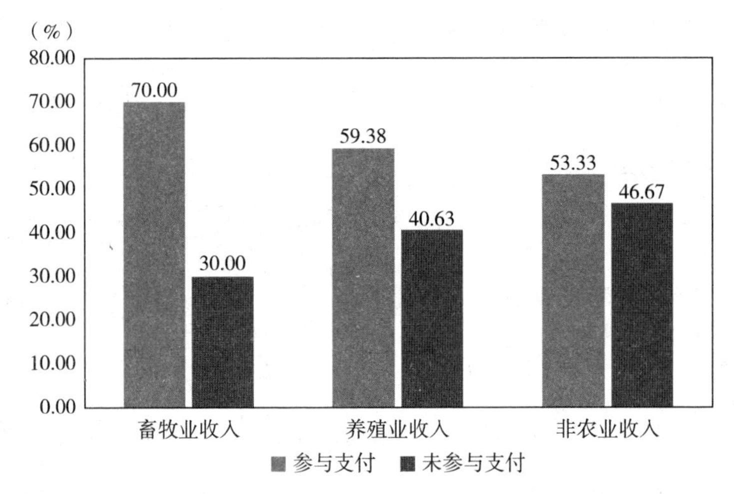

图4-12　收入主要来源不同的农户参与奶牛废弃物循环利用的支付比例

5.2.3　行为认知变量

一般认为，奶农越想卖掉牛粪，表明对牛粪的需求程度越小。侧面反映农户可能因更加了解牛粪对周围环境造成的污染而选择卖掉牛粪，因此其参与奶牛废弃物循环利用行为的支付意愿可能就越强。奶农选择牛粪还田，而不是随意把牛粪堆积在房前屋后，表明奶农更倾向于牛粪得到及时合理的利用，因此农户参与环境友好性技术的积极性就越高。农户对肥效的认知程度取决于其接受新知识程度的大小。参加过环境友好性技术培训的农户，能更清楚的认识到商业有机肥的必要性和好处，越愿意接受牛粪资源化利用的理念，从而参与支付的可能性就越大（表4–26）。

表4-26　　具有不同行为特征变量农户参与奶牛废弃物循环利用支付意愿比例

	组别	参与废弃物循环利用付费的农户		未参与废弃物循环利用付费的农户		总计
		人数	比例（%）	人数	比例（%）	
是否想卖牛粪	是	58	62.37	35	37.63	93
	否	115	62.84	68	37.16	183
牛粪是否还田	不还田	1	16.67	5	83.33	6
	部分还田	17	58.62	12	41.38	29
	全部还田	155	64.32	86	35.68	241
牛粪肥效认知	不清楚	10	50.00	10	50.00	20
	鲜牛粪	11	52.38	10	47.62	21
	自家堆置牛粪	90	69.23	40	30.77	130
	初发酵牛粪	34	59.65	23	40.35	57
	商品有机肥	28	58.33	20	41.67	48
总计		173		103		276

根据上述对自变量（解释变量）的假定，本文在表4–27给出了自变量（解释变量）的定义与描述性统计。

表4-27　　解释变量的定义及描述性统计

变量名称		变量定义	均值	标准差	最小值	最大值	预期影响
户主特征变量	户主性别（X_1）	男=1；女=0	0.638	0.482	0	1	不确定
	户主年龄（X_2）	<22周岁=1；22–35周岁=2；36–50周岁=3；>50周岁=4	3.091	0.670	1	4	--
	户主学历（X_3）	没上过学=1；小学=2；初中=3；高中=4；大专及以上=5	3.033	0.932	1	5	++

续表

变量名称		变量定义	均值	标准差	最小值	最大值	预期影响
家庭特征变量	家庭收入（X_4）	<5000=1;5000～10000=2；10000～30000=3；30000～50000=4；>50000=5（元/年）	3.210	1.065	1	5	++
	收入主要来源（X_5）	畜牧业=1；养殖业=2；非农收入=3	1.782	0.779	1	3	−−
	奶牛头数（X_6）	按实际养殖头数计算（头）	4.810	8.969	0	140	++
	耕地规模（X_7）	按实际种植规模计算（亩）	2.804	2.537	0	30	++
行为谁知变量	牛粪是否还田（X_8）	完全不还田=1；部分还田= 2；全部还田=3	2.851	0.413	1	3	++
	是否想卖牛粪（X_9）	想卖=1；不想卖=0	0.337	0.474	0	1	++
	牛粪肥效认知（X_{10}）	1=不清楚；2=鲜牛粪；3=自家堆积的牛粪；4=初次发酵的；5=成品有机肥；	3.333	1.078	1	5	++

注：在“预期作用方向”列中，第一个符号表示解释变量在支付意愿模型中的作用方向；第二个符号表示解释变量在支付程度模型中的作用方向。

5.3　模型设定

农户参与奶牛废弃物循环利用是多种因素相互共同作用的结果，奶农参与奶牛废弃物循环利用行为的支付意愿实际上是两阶段决策过程的有机结合。第一阶段表示农户是否愿意为奶牛废弃物的循环利用支付费用；第二阶段表示农户在有支付意愿的基础上，决定支付数额的多少。一般而言，所能观察到的是愿意参与奶牛废弃物循环利用的农户的相关信息，但很难观察到不愿意参与奶牛废弃物循环利用的农户的有关情况，但奶农参与奶牛废弃物循环利用所支付费用的多少可能与那些观察不到的而又会影响支付金额大小的因素系统相关，计量经济学上统称这类问题为“样本选择性偏差”。如果“样本选择性偏差”问题未能得到解决，就会造成结果的有偏估计。因此本文采用Heckman两阶段模型法来解决和验证该样本所可能存在的选择性偏差问题。模型分为两个阶段：第一阶段表示哪些自变量因素影响农户在参与奶牛废弃物循环利用中的支付意愿；第二阶段表示基于有意愿进行支付的农户，考察这类农户的支付强度受制于哪些因素。

5.3.1　支付意愿模型

奶农参与奶牛废弃物循环利用的支付意愿=f（户主特征变量、家庭特征变量、行为认知变量）+随机扰动项。由于其支付意愿（被解释变量）是一个二元离散变量，具有两种情况：奶农愿意支付（取值为1）和不愿意支付（取值为0）。因此Heckman模型的第一阶段是以“是否愿意支付”作为因变量来构建支付意愿概率方程，即用影响因素对所有的276个样本进行Probit估计，以确定影响奶农参与奶牛废弃物循环利用行为时支付意愿的因素，具体为：

$$prob(WTP=1)=\Phi(\beta'\mathrm{X})=\int\frac{1}{\sqrt{2\pi}}e^{\frac{-\beta'x}{2}}dt \qquad (1)$$

$$prob(WTP=0)=1-prob(WTP=1)=1-\Phi(\beta'X)=1-\int\frac{1}{\sqrt{2\pi}}e^{\frac{-\beta'x}{2}}dt \qquad (2)$$

式（1）（2）中，WTP表示奶农参与奶牛废弃物循环利用的支付意愿。WTP取值为1（式1），表示奶农乐意为奶牛废弃物的循环利用付费；相反，WTP取值为0（式2），表示奶农对参与奶牛废弃物循环利用支付费用的行为不感兴趣。X表示影响奶农支付意愿的因素；β表示待估参数；$\Phi(\beta'X)$表示相应的正态分布函数。

5.3.2　支付数量参与决策模型

支付数量参与模型是指用Heckman模型对农户支付意愿的强度进行OLS估计，即用相关自变量对276个样本中乐意支付费用的农户样本进行回归，找出影响农户支付意愿强度的因素。考虑到在第二阶段OLS回归中可能存在选择性偏误，需要从Probit估计公式中得到逆米尔斯比率λ作为工具变量，以修正第二阶段的样本选择性偏差。公式为：

$$\lambda=\frac{\Phi\left(\frac{zi\gamma}{\sigma_0}\right)}{\varphi\left(\frac{zi\gamma}{\sigma_0}\right)} \qquad (3)$$

其中，$\Phi\left(\frac{zi\gamma}{\sigma_0}\right)$为标准正态分布的概率密度函数；$\varphi\left(\frac{zi\gamma}{\sigma_0}\right)$为相应的累计概率分布函数；利用OLS方法进行估计，把λ作为方程估计的

一个变量引入模型，以纠正选择性偏误。农户参与奶牛废弃物循环利用的支付数量决策模型表达方式如下：

$$bid_i=\alpha_0+\sum\omega_iZ_i+\delta\lambda+\mu \quad (4)$$

式中：bid_i表示农户支付的具体数额；α_0为常数项；ω为普通自变量的待估系数；Z为解释变量（户主特征变量、家庭特征变量、行为认知变量）；μ为误差项；δ为λ值的待估系数，如果该系数是显著的，则证明存在选择性偏误，Heckman Probit两阶段模型选择得当。

5.4　结果与分析

运用Stata 12.0软件对276个样本进行Heckman Probit两阶段模型回归，估计的结果详见表4-28。表中 Prob>F=0.0368，Prob>chi2=0.0005，说明F检验和卡方检验分别在5%和1%的水平上显著，整体计量结果有效。另外，λ（逆米尔斯比率）的系数不为0，在10%的显著性水平上通过检验，说明样本选择性偏差确实存在，奶农参与奶牛废弃物循环利用的支付意愿及支付意愿强度的两阶段决策相互依赖，选择Heckman Probit模型合理。

通过对模型回归结果的分析，不难发现：

（1）在影响奶农支付意愿的10个因素中（模型Ⅰ），只有5个因素较为显著，分别是：户主受教育程度、家庭收入主要来源、牛粪还田方式、奶牛养殖头数和耕地规模。影响程度大小依次为：家庭收入主要来源>牛粪是否还田>户主受教育程度>奶牛养殖头数>耕地规模。其中，户主受教育程度、奶牛养殖头数、耕地规模及牛粪是否还田对奶农支付意愿的影响呈正相关，家庭收入主要来源呈负相关。

（2）在影响支付意愿强度的10个因素中（模型Ⅱ），只有3个因素较为显著，分别是：户主年龄、受教育程度和牛粪是否还田。其中，户主年龄对奶农支付意愿强度的影响呈负相关，而后两者表现正相关。具体分析如下。

表4-28　　Heckman Probit选择模型估计结果

解释变量		支付意愿模型（模型Ⅰ）		支付程度模型（模型Ⅱ）	
		系数	Z值	系数	Z值
户主特征变量	户主性别（X_1）	−0.231	−12.653	65.203	0.435
	户主年龄（X_2）	−0.172	−1.363	−234.790 *	−1.899
	户主学历（X_3）	0.203 **	1.976	50.787 **	1.814
家庭特征变量	家庭收入（X_4）	0.014	0.165	−19.388	−0.294
	收入主要来源（X_5）	−0.184 *	−1.658	−108.826	−0.931
	奶牛头数（X_6）	0.101 **	1.987	9.256	0.271
	耕地规模（X_7）	0.047 *	1.705	0.087	0.012
行为认知变量	牛粪是否还田（X_8）	0.447 **	2.137	199.564 *	1.433
	是否想卖牛粪（X_9）	0.163	0.931	116.754	0.769
	牛粪肥效认知（X_{10}）	0.012	0.155	17.418	0.277
常数项		−0.965	−1.122	526.304	0.450
λ		0.373*	1.908		
Prob>chi2=0．0005　　Prob>F=0．0368					
Log likelihood = −166.69985					

注：*和**分别表示在10%和5%水平下通过显著性检验。

①户主特征变量的影响：户主的性别系数在模型Ⅰ中方向为正，在模型Ⅱ中方向为负。但户主的性别对奶农参与奶牛废弃物循环利用行为的支付意愿及强度影响不显著。年龄系数在两模型中均表现为负，与预期相符。但年龄对支付意愿强度的影响在10%的水平上通过了显著性检验，对支付意愿的影响未通过显著性检验。这可能与调查中36～50岁的农户占比54.71%和大于50岁的农户占比27.89%有关，特别是36～50岁的农户中40～50岁的农户占大多数。一般认为，农户年龄越大，思想越趋于保守，越不愿意接受新事物。加之年龄大的农户对环境友好型农业的了解不多，因此这类农户本能的认为保护环境是一件与己无关的事情，最终选择坚持现有的劳作模式。即表现出农户年龄这个变量未对支付意愿产生显著影响。但模型Ⅱ表明，一旦农户开始接受新技术、新知识、新政策，乐意参与到奶牛废弃物的循环利用中，产生支付意愿，那么越是年轻的农户，支付的金额也越高。

户主的受教育程度在两个模型中都通过了显著性检验且其系数为正，与预期相符。说明户主的受教育程度越高，其对奶牛废弃物污染生态环境的认知概率越大，参与环境友好型行为的可能性就越高，支付意愿强烈，支付金额更高。这不难理解，受教育程度越高的农户，对于农业新技术、新信息的理解能力越强，对于生态环境退化及污染的认知也越深刻。同时受教育程度高的农户更加注重农村生活环境质量的好坏，因此这类农户更愿意为环境污染买单，参与环境友好型农业，从而表现出高支付意愿与高强度支付金额。

②家庭特征变量的影响：家庭收入对支付意愿的影响为正，与预期相符；对支付意愿强度的影响为负，不符合预期，且家庭收入在两个模型中都未通过显著性检验。究其原因，这可能与调查中有21.74%奶农的收入主要来源于非农业收入（常年外出务工）有关，这部分奶农认为奶牛废弃物的循环利用与他们无关，收入再高，支付意愿依然很薄弱。另外，78.26%奶农的收入主要来源虽然是农业（养殖业或种植业），但这类奶农的年均收入普遍很低，年收入不超过3万元，表现为无力支付。

家庭收入主要来源在模型Ⅰ中在10%的水平上通过了显著性检验且其系数为负，与预期相符。表明奶农的农业收入来源越高，其参与奶牛废弃物循环利用环保行为的支付意愿就越高。这不难理解，调查中发现78.26%的农户都靠务农为生，收入主要来源于农业。因此，积极参与到奶牛废弃物污染防治中，促使牛粪加工成有机肥，还田后提高农产品的产量，实现增收是农户一致的渴求。但家庭收入主要来源在模型Ⅱ中并未通过显著检验，系数为负。

奶牛头数和耕地规模分别在模型Ⅰ中以5%和10%的水平上通过显著性检验且其系数为正，与预期相符。表明农户养殖奶牛头数越多，种植面积越大，其参与奶牛废弃物循环利用的支付意愿也越高。侧面来讲，这也正凸显了农户在污染行为中的主体地位，基于“谁污染，谁付费”原则，奶农为奶牛废弃物污染造成的结果“买单”理所应当。但奶牛头数和耕地规模在模型Ⅱ中均未通过显著性检验。这可能与调查中高达63.04%的奶农的家庭年收入小于3万元有关，大部分农户虽有为奶牛废弃物污染付费的意愿，但因受限于家庭收入，不愿意或者无力承担支付费用，这恰好的暗示了政府补贴的必要性。

③行为认知变量的影响：牛粪是否还田分别在模型Ⅰ和模型Ⅱ中通过5%和10%水平的显著性检验且其系数为正，与预期相符。表明农户还田方式程度的大小决定了奶农参与废弃物循环利用支付意愿的高低。调查了解到，有83.71%的农户选择把牛粪全部还田，一是因为牛粪无处可卖，只能还田处理；二是因为农户意识到牛粪随处堆积对环境造成的危害，会选择把日常产排的牛粪堆放在田间地头，待到春秋之际再还田以防控面源污染。这充分说明奶农越愿意把牛粪还田，其环保责任意识会越强，这会促使奶农参与到环境保护中，增加支付意愿及支付数量。

农户是否想卖牛粪和农户对牛粪肥效的认知在两模型中系数为正，与预期相符。但均未通过显著性检验，表明是否想卖牛粪和对牛粪肥效的认知对农户参与奶牛废弃物循环利用的支付意愿及支付强度影响不显著。这可能与高达61.95%的农户认为自家堆置的牛粪肥效较初发酵甚至商品有机肥的肥效高和66.3%的农户不愿意卖掉牛粪有关。这类农户尚未意识到奶牛废弃物参与循环利用后的好处与优势，最终导致是否想卖牛粪和对牛粪肥效认知两个变量在支付意愿及支付意愿强度模型中表现不显著。

5.5 结论与政策建议

基于大理州276份农户的调查样本，运用Heckman Probit选择模型实证分析了影响农户参与奶牛废弃物循环利用支付意愿及强度的因素，结果表明：户主的受教育程度、家庭收入主要来源、奶牛养殖头数、耕地数量及牛粪还田方式等因素对农户的支付意愿影响较为显著。户主的年龄、户主的受教育程度及牛粪是否还田等因素对农户的支付意愿强度影响显著。基于此，提出以下政策建议。

一是信息宣传与技术培训并行，增强农户支付意愿。通过村委会或街道宣传栏（横幅及海报）、举办讲座（普及养殖业源污染防控知识）、洱海文化系列主题沙龙和新媒体推广（微信公众号）等多种途径宣传建设环境友好型农业、美丽乡村的必要性、紧迫性和重要性，增强广大农户对面源污染特别是养殖业源污染的认知，提高农户的支付意愿。同时，有计划、有针对性地对农户特别是奶牛养殖户开展环境友好型技术培训，主要表现为对奶牛废弃物资源化处理的培训，如垫料管理和设备使用。鼓励农户对奶牛粪便定时清扫、合理堆放、及时售卖，达到奶牛废弃物不再随意堆积在房前屋后或田间地头，初加工成有机肥在春秋恰好还田的目的，以此防控奶牛养殖业带来的洱海流域污染问题。

二是设立特定的奶牛废弃物污染治理小组，促进农户规模化生产。鼓励自律性环保组织的设立，实施以地方政府主导、民间协会监督、奶牛养殖户自觉参与奶牛废弃物循环处理的策略。民间协会自愿成立，负责人可由每个村里有名望的人担任并率先投入到环保行动中。鼓励农户抱团加入环保协会，对奶牛废弃物进行统一处理，促进奶牛养殖业的规模化发展。地方政府应给予民间协会组织充分的肯定及政策优惠，如补贴协会农户购置有机肥等。

三是构建合理的生态补偿制度，对农户的机会成本进行补偿。虽然农户作为公民，具有环保的义务，应在其力所能及的范围内为环境改善做出贡献。但农户作为理性经济人，一切考量均以自身利益最大化为核心。一般而言，农户参与增加其成本或减少其收益的农业活动的主动性都比较差。调查显示有62.68%的农户愿意参与到奶牛废物循环利用的环保行动中，并为此付费。数据表明大多数农户具有环保意识，只是缺乏行动力。原因可能如Heckman模型回归结果中，家庭收入及收入主要来源并未对支付意愿强度产生显著影响所示，农户参与奶牛废弃物循环利用并为此付费的行为存在外部成本，而政府实施有效的生态补偿制度，鼓励农户参与环境保护的行为，以补贴的方式激励农户为环境污染付费，是一种外部成本内部化的最好体现。

6 不同奶牛养殖合作社运作形式比较

6.1 不同运作形式比较

通过调研山东泰安同和奶牛养殖合作社和洱海惠农奶牛养殖合作社的经营方式（见表4–29），提出了创建洱海温水奶牛托养合作社的设想及相关运行机制。

表4-29 不同奶牛合作社经营管理行为方式比较

山东泰安 同和奶牛养殖合作社	云南洱源 惠农奶牛养殖合作社	云南洱源 梅和奶牛合作社（托牛所）
奶牛无限数进社	10头以上进社	无限
牛属于社员	牛属于社员	牛属于社员
体弱保险	全牛保险	全牛保险
合作社统一提供场地、饲料、药品、挤奶、市场		
奶农自选饲料喂养	奶农自选饲料喂养	雇人统一喂养
奶农自己确定饲喂量	自己确定饲喂	分（高、中产）类饲喂
合作社收取饲料成本	合作社收取饲料成本	合作社负责全部饲料

续表

山东泰安 同和奶牛养殖合作社	云南洱源 惠农奶牛养殖合作社	云南洱源 梅和奶牛合作社（托牛所）
与蒙牛签合同，享受高于市场奶价（奶价+挤奶操作费）	与欧亚、来思尔奶业合同；享受高于市场奶价（奶价+挤奶操作费）	与奶农签合同
合作社以市价支付养户	合作社加价支付奶农会员	合作社据评定收益/牛/年支付
及时改良或淘汰弱牛	及时改良或淘汰弱牛	及时改良或淘汰弱牛
无计划	计划从每千克牛奶中提取几分设立基金，以基金给牛看病，结余分红	分红
牛粪雇人清理无收益	牛粪卖给顺丰或私人	养种结合，为社员提供牛粪

托牛所是改造提升传统奶牛散养模式、率先实现适度规模现代养殖新模式的有效途径。基于对大理市和洱源县十几个村农户的调研，有90%以上的奶农愿意放弃传统散养奶牛模式，转变为集中式适度规模化托养合作社模式。通过统一管理、标准化和规范化饲养、机械化挤奶等手段与乳品加工生产企业无缝衔接，组建散养奶农、奶牛托养合作社和乳品企业利益共同体，形成奶牛养殖、鲜奶生产与奶制品销售框架下牛奶产供销一体化经营的新格局。在确保奶源稳定生产、品质安全与价升效增的同时，依托种养结合和种植结构优化，在提升种养殖户经济收益同时，实现种养殖面源污染控污和减排的目标。

可以利用现有的支持政策创建托牛合作社，如建300头（标准小区）的奶牛托养合作社，可享受50万元的中央政府补贴和80万元的省政府补贴，建设合作社本身可获10万元的补贴并可获得25万元的补贴来单独构建挤奶站，共计165万元。而建设这样的托养合作社场地，如果是集体共有的，可以让农户以集体土地入股的形式，每年从收益中获得适当返利；如果场地是农户的土地，就通过土地流转的方式，给足农户足够的流转费用，而流转标准可以在合同期满根据市价动态调整提升。与此同时，托牛合作社建设过程中可以享受一些前期投资资金的扶持（低息免息或优惠贷款等）。基于托牛所的产销一体化模式，要确保农户奶牛的单产，收购牛奶时保价保收益，同时按年产量，增量部分的40%归农户，60%归合作社；如果成年奶牛产小牛，其收益应该合作社和所有社员分成。

当下，在洱海流域开展奶牛散养转变为集中适度规模养殖具有很大可能性，而支撑这种可能性的方面主要包括以下八点。

一是随着各级政府及不同媒介的环保宣传，奶农环保意愿及观念大大提升，农户作为一个公民，大多数人愿意为生态环境质量的改善贡献自己的微薄之力。

二是奶农愿意改善人畜混居臭气熏人局面，不仅基于改善自身的生活环境和生活水平、提升健康指数，也顾及畜禽动物应有的福利。

三是当地村集体组织有带着全村奶农共同致富的愿望，且有可利用的集体土地用于适度规模化的托牛养殖场地建设。

四是基于洱海流域生态保护优先的功能定位与环境保护政策目标优先的原则，在补贴大蒜生产净收益前提下调整种植结构，可适度调减当地大蒜种植面积，改稻—蒜轮作模式为稻—绿肥模式。同时，可适度增加青储玉米的生产，调减制种玉米面积并在适度补贴制种玉米转为青储玉米收益损失下，通过绿肥和青储玉米生产确保奶牛养殖清洁饲料来源。

五是集中并适度规模托养，有利于畜禽养殖防疫的统一、规范和标准化，可改善奶牛的健康状况，提升奶牛产奶功效和寿命，降低漏防疫可能导致的病死率和过度防疫导致的奶品质量安全风险。

六是托牛所现代化挤奶方式，可完全解决人工挤奶所导致的奶源质量不能保证的问题，确保了生产符合乳品企业要求的鲜奶品质，同时可实现优质优价，效益提升。

七是采用托牛所奶牛养殖方式，可进一步解放劳动力，一方面提供了奶农外出就业增加收入的新机会；另一方面，解放了老年人，让他们可以在收入不受损的同时安享晚年幸福。

八是通过合作社方式将散养转变为托养模式，可有效解决散养存在的面源污染困境，直接的是解决了随意堆放影响道路交通的问题，间接的是减少污水横流、污染水体等问题，有利于当地生态环境的保护，进而保护了洱海流域的绿水青山。

除上述外，适度规模奶牛养殖，有利于整体提升奶农的环保观念和强化奶农的环保责任意识，提升奶农生活的幸福指数，促进美丽乡村和村社和谐建设，促进传统种养向环保种养植结构模式转变，培育和催生新型种养殖经营主体，促进牛奶由传统初级生产供给向环保精深加工产品生产转变。通过奶源订单化生产解决小农户与大市场的矛盾，进一步推动洱海生态环境保护的可持续发展。

6.2 结论和建议

鉴于此，我们提出洱海流域奶牛散养转变为集中适度规模托养管理，可以采取如下高效组织模式、运行机制和保障政策。

6.2.1 高效组织模式

在洱海流域，可以顺利完成传统散养奶牛模式向“托牛所”适度规模养殖方式转变，在奶牛养殖源面源污染防控与治理取得成效的同时，又保障传统奶农可持续的生计和收益目标。其高效的组织模式应当且必须是责权利明确的组织模式，组织结构中要素各方在良好运行机制的配合下，围绕奶牛粪便的收集到资源化规模化处理全过程各环节，既直接承担各自角色的使命责任，又发挥协同效应，保障组织模式的运作向着农业面源污染规模化防控目标发展。因此，基于对洱海流域现有奶牛养殖业“规模小、分散、农户为基本养殖单元”格局，及其养殖过程中成本高、技术缺、销售难、收益低和环境负面影响等系列问题的准确把握，结合洱海流域政府对适度规模养殖支持政策、散户奶农奶牛入托意愿、影响因素、散户养殖与适度规模托牛所养殖成本效益比较分析，依托“十二五”国家水专项工作，对照洱海流域农业面源污染防治“十三五”规划和洱海保护抢救模式新要求，研究提出“乳业企业+托牛所（合作社）+奶农适度规模养殖经营高效组织模式”应是洱海流域大力倡导的高效健康规模化奶牛饲养模式。

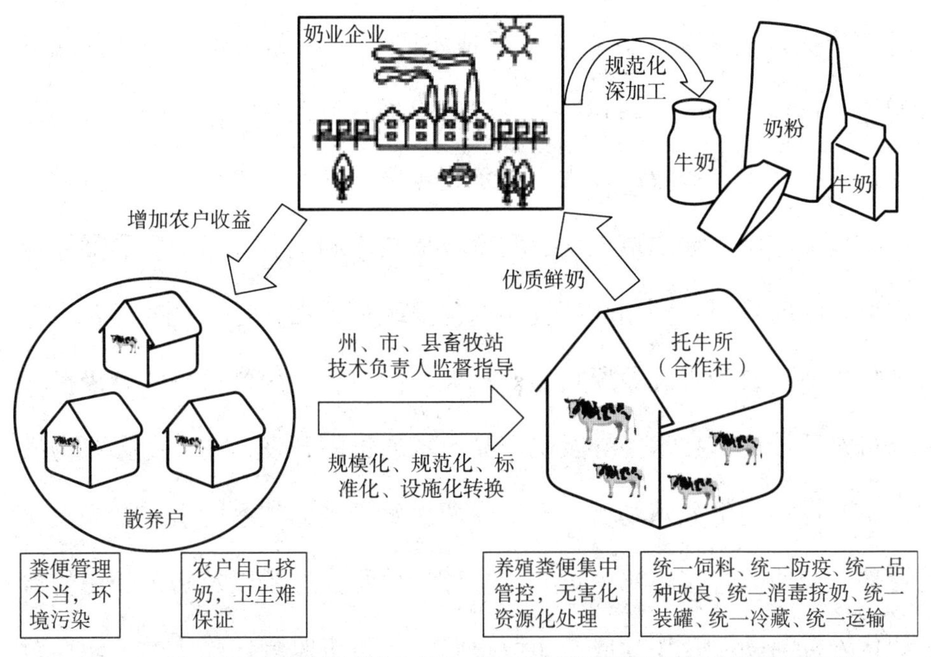

图4-13　乳业企业+托牛所（合作社）+奶农适度规模养殖经营高效组织模式

6.2.2 运行机制

组织成功是经营成功的必要条件，但非充分条件；组织模式高效地运转还必须有良好的运行机制配套。“乳业企业+托牛所（合作社）+奶农适度规模养殖经营高效组织模式”运行机制主要包括七个方面的内容。

（1）政府、企业、托牛所、农户协同参与组织机制：建立由州、市、县畜牧站技术负责人、乳品企业、托牛所、托牛合作社成员共同构成各级职责明确的奶牛托养合作经营组织体系，把小生产组织起来形成规模经济，降低了交易成本和生产市场两风险，从共同参与奶牛托养合作的管理与运行。政府提供政策保障，对各个环节起监督及保护作用。畜牧站技术人员负责监督指导奶牛养殖技术规范化、标准化的实施，如防疫灭病、繁育改良技术和饲养技术等。乳品企业则响应政府号召，利用政府提供的优惠政策，助力适度规模经营主体（托牛所）成为其乳业原料生产基地，同时负责榨乳机械的升级换代与挤奶后续管理技术指导及奶产品市场通道的开发；托牛所主要为散户奶农提供奶牛养殖场所，聘请雇佣养殖领域的技术能手进行规模化管理，全面监管实施奶牛饲喂、防疫、榨乳全过程以及奶牛粪污的清洁化处置活动。合作社成员（散户奶农）负责监督托养所的一切经营活动，如监督牧场奶牛养殖、收入与支出等具体情况。这样可以从组织上保证托牛所的可持续稳定发展。

（2）决策机制：托牛所负责人和专业合作社理事共同围绕奶牛养殖发展开展一切经营活动计划、方案和财务收益等决策活动。

（3）清洁养殖“三化”与“七统一”追溯机制：根据入托奶牛奶量高产低产分类进行规范化、标准化、设施化的统一饲料、统一防疫、统一品种改良、统一消毒挤奶、统一装罐、统一冷藏、统一运输等科学管理。并由托牛所组织专人负责入托奶牛的饲养，每头牛都有自己“身份证”，标注入托前基本情况和所属养殖户，并记录入托后养殖生产管理日志。

（4）养殖粪便集中管控并无害化资源化处理机制：对粪污干湿分离，并通过生物快速发酵塔技术快速堆腐发酵，部分用于乳业饲料种植场还田青储饲料（苜蓿、玉米）种植和售卖给周边需求堆肥农户，剩余部分定期交售给肥料企业深加工商品有机肥，高效地解决分散养殖畜禽粪便带来的严重面源污染问题。

（5）饲养员学习培训机制：对由专业合作社成员自愿加选拔后雇佣的托牛所员工要定期进行奶牛养殖技术的学习培训。

（6）公平公正利益连接共享机制：托牛所是以乳品公司为市场推手、以托牛所为乳品奶源的专供点、以合作社为托牛所奶牛适度集约组织形式、走品牌乳品公司+托牛所+合作社+养殖户的生产经营发展模式，因此，所有相关方利益共享。托牛所和乳业公司签订收奶特殊收购价合同，“托牛所”按质按时为公司提供优质鲜奶。托牛所与托养户签订入社入托牛所合同，托牛所按年度销售扣除奶牛养殖中饲喂与疫病防治批发价成本后，依奶农托养量及产奶量分户核算奶农收益；托牛所通过向乳业青储饲料种植场、周边农户和肥料企业售卖奶牛粪便/堆肥获得收益。

（7）收益风险保障机制：托牛所在依法依规参加入托奶牛养殖保险的同时，托牛所通过订单合同模式完成机械鲜榨乳向乳品企业初级奶源的供应，国家要给予订单保险的再保险支持，避免2014年末全国广泛发生的奶农倒奶事件发生，依法依规维护乳品企业、托牛所、合作社和奶农切身利益。

6.2.3 政策建议

畜禽养殖业是洱海流域农业发展的支柱产业之一，奶牛养殖作为洱海流域的特色产业，在畜禽养殖规模中占据50%以上的比重。长期以来，由于地方经济发展水平的限制，形成了现有奶牛养殖业“规模小、分散、农户为基本养殖单元”的格局。与新时代农业绿色发展要求和洱海保护抢救模式新要求相比，还存在养殖成本高、技术缺、销售难、收益低和环境负面影响等系列问题。由中国农业科学院牵头的科研团队，通过“十一五”和“十二五”国家水专项工作，创新养殖经营机制，结合洱海保护抢救模式新要求，研究提出基于传统分散粗放奶牛养殖方式向“托牛所”适度规模经营方式转变的政策建议。

（1）健全强化托牛所适度规模经营管理制度建设。①奶牛全托喂养管理制度。由托牛所组织专人负责入托奶牛的饲养，每个奶牛都有自己“身份证”，标注奶牛入托前基本情况和所属养殖户以及入托后的相应情况。②财务管理制度。为确保脱牛所的一切财务行为合法合规，需要依据《中华人民共和国农民专业合作社法》《农民专业合作社财务会计制度》等条例制定专业的财务管理。③所务和社务公开制度。托牛所负责人和专业合作社理事围绕奶牛养殖发展所开展的一切经营活动计划、方案与财务收益等都要完全有利于托牛所和合作社的发展，需要及时进行所务和社务公开，以备社员和相关奶农监督质询。④合同签订制度。养殖户与合作社、托牛所之间签订入社入所合同，明确规定双方应该承担的责任和义务；托牛所和乳业公司也要签订收奶合同。所有奶农以现有奶牛自愿入所入社，有入所入社和退所退社自由，不参与经营，不承担风险。

（2）强化生态环境保护知识宣传和转岗技能培训服务政策。政府及社会环保组织等要积极通过各种形式宣传培训生态环境保护知识和政策，提升全流域奶农环保观念和认知。在依托鲜奶收购低质低价的市场行情逐步淘汰奶牛散养模式过程中，政府要给予奶牛散养奶农转岗生计技能免费培训和转岗期生计保障支持，帮助他们尽快实现再就业。如充分利用大理良好的生态环境，鼓励解放出的奶农在经过食用菌技术培训后，利用废弃牛棚生产食用菌，增加农民收入。可在推广初期（2年内），每吨食用菌基质补贴200元。

（3）强化托牛所发展适度规模经营所需养殖场地和基础设施建设方面倾斜支持政策。政府对适度规模经营“托牛所”的发展支持还是空白，特别需要在托牛所用地（包括牛舍、屋舍、粪便处理场地、挤奶厂房、奶牛运动场、饲料储藏区等）方面给予积极的倾斜政策。加大信贷资金支持力度，采取合作社联户担保贷款、龙头企业担保贷款等多种形式来扩大奶牛贷款规模，支持奶牛适度规模化、标准化与升级发展。同时，在重大项目的安排和资金投入上向适度规模的托养模式倾斜，继续免费提供统一的疫病防治技术指导、优先并持续提供冻精技术来改良奶牛品种、免费提供牧草种子和补贴50%青储玉米种子费用、对高污染耕地或旱地转为专用优质饲料用地给予环保转移支付补贴。

尽快在禁养区范围外划出适宜养殖区，为托牛所提供场所，并鼓励奶牛上山。同时基于国家对规模化奶牛养殖场的一次性补贴，由地方政府增加托牛所的基础设施建设（牛棚、围栏、房屋等）和粪污处理设施建设补贴，即基础设施建设：300～499头奶牛一次性补贴20万元；500～999头奶牛一次性补贴40万元；1000头奶牛以上补贴80万元。粪污处理设施建设：300～499头奶牛以下的中小规模托牛所以“三改两分再利用”粪污处理模式为主，可日处理新鲜牛粪25吨以上的验收合格后一次性补贴80万元；超过500头的大型托牛所主要采用沼气工程粪污处理模式，建设沼气工程达到300立方米储气以上的验收合格后一次性给予补贴120万。禁养区奶牛搬迁转移生态项目资金可优先支持这养的托牛所。

（4）强化新型奶牛养殖经营主体培育支持政策。鼓励乳品企业参股托牛所建设，作为奶源专供基地。对积极参与托牛场建设的乳品企业政府优先安排各类扶持项目。对有意愿发展托牛所的新型经营主体（合作社、多人合作入股方式、经验丰富的个体经营者等等），政府在资金贷款方面基于养殖规模给予差别化支持，300～499头提供2年免息贷款100万元，500～1000头提供2年免息贷款200万元。

（5）强化适度规模养殖（托牛所）收益风险再保险支持政策。托牛所依法依规参加入托奶牛养殖保险（每头奶牛36元保险，出现意外死亡补贴6000元）的同时，从托牛所收益中按比例提取风险基金，由政府把控，将托牛所增长收益20%作为风险金，用于补偿奶牛疾病、死亡等引起的财产损失。且通过订单合同模式完成机械鲜榨乳向乳品企业初级奶源供应，政府要给予订单保险的再保险支持，避免类似于2014年末全国广泛发生的奶农倒奶事件的再发生，依法依规维护乳品企业、托牛所、合作社和奶农切身利益。

（6）创设基于环保行动与环保效果的奖励政策。针对所有参与洱海环境保护的涉农主体，要遵循国际上通行或普遍的激励做法，给予他们积极的参与行动和实现了污染防控效果物化的奖励和各种媒介大力宣传可达到的精神激励，起到引导和引领大众环保行为的作用。如对首批参与合作社托牛所养殖的农户，在拆除牛棚并承诺今后永不再散养奶牛后，进行每头牛一次性奖励，大牛奖励1000元，小牛奖励500元；将牛棚改建为其他设施的农户，对其验收合格后给予奖励1000元，并优先安排农村人居环境改善补助。同时对粪污处理设施运行情况合格的托牛所，根据奶牛存栏数给予1000元/头奖励补贴，连续奖励三年。

（7）强化有效的责任监管与惩罚政策。政府需指派专业机构对托牛所进行监管；对新建托牛所提供环评绿色通道，建设过程中和建成运行后，对养殖粪污清洁化资源化处理利用全过程及设施运行情况，严格开展痕迹监督与管理。对没有按标准、规范和既定计划严格实施的，取消相关支持与优惠待遇。

第五章

洱海流域农业面源污染规模化防控运行机制与政策建议

党的十九大和2018年中央一号文件提出，要“推进绿色发展，加快建设绿色生产的法律制度和政策”。群策群力努力转变经济增长方式，深化供给侧改革，创新体制机制，保供给、保收入、保生态，实现美丽中国伟大目标。充分完善并强化我国环保农业持政策，有助于推动和保障环保农业行动、计划、方案等真正落到实地并发挥作用。

洱海作为独特的高原湖泊，国家对其水质有着高标准要求，但作为经济欠发达地区和少数民族聚集区，农户文化程度整体偏低，规范化的规模经营主体不多，小农经营难以规范实施环保农业技术。尤其是洱海流域主要以小而散的种植和养殖生产经营为主，扣除物料成本和人工成本后，几乎没有可获利润。

因此，在持续落实洱海流域现有环保农业政策基础上，洱海水质保护和洱海流域农业面源防控规模化，必须走政府主导、企业支撑、农户共同参与规模经营发展的路径/模式。

基于课题组共同努力，研究提出了“政府主导—企业支撑—农民主体参与”的洱海流域农业面源污染防控规模化组织运行模式，形成了“污染防控—绿色发展—合作共赢”的各方利益连结运行机制与政策，以助推农业面源污染防控技术在洱海流域的全面应用。

1 洱海流域分散养殖区畜禽粪便高效收集模式运行机制

1.1 洱海流域分散养殖区畜禽粪便高效收集模式

在确定时期内，洱海流域顺利地完成奶牛养殖粪便高效收集和清洁资源化规模处理任务，其高效的组织模式应当且必须是责权利明确的组织模式。组织结构中要素各方在良好运行机制的配合下，围绕奶牛粪便的收集到资源化规模化处理全过程的各个环节，既直接承担各自角色的使命责任，又发挥协同效应，保障组织模式的运作向着农业面源污染规模化防控目标发展。因此，基于对顺丰肥料企业有机肥生产成本效益的精准分析、普通奶农（散养农户）参与对奶牛粪便集中收集处理的意愿以及生产季节农家肥自用需求的时令性与有机肥价格可承受性分析，结合洱海流域农业面源污染防治“十三五”规划和洱海保护“抢救模式”的新要求，研究提出了“洱海流域分散养殖区企业—收集站—农民主体参与畜禽粪便高效收集组织模式”，亦即“洱海流域分散养殖区畜禽粪便高效收集模式”。

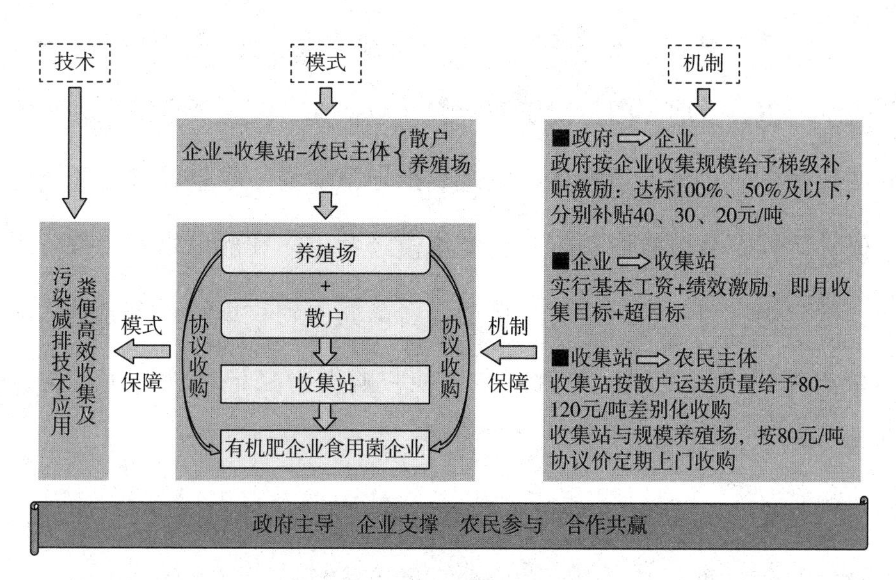

图 5-1 分散养殖区畜禽粪便高效收集组织模式运行机制

1.2 运行机制

组织成功是经营成功的必要条件，但非充分条件；组织模式高效地运转还必须有良好的运行机制配套。分散养殖区畜禽粪便高效收集模式（见图5-1）的主要特点是通过养殖户自行运送到收集站、采用专用车辆上门收集（与规模养殖场采用合同订单定期收购），经过公司收集站的初加工和有机肥厂深加工，产出多类型商品有机肥，从根本上为防控治理洱海流域养殖污染提供有效的路径支撑。

该运行机制包括以下四个方面。

一是各级政府及相关部门主导、企业支撑、农民主体协同的参与机制。市县政府部门主要统筹统管，包括部分配套资金筹措和收购粪便数量审核管理；畜牧兽医局规划指导畜禽粪便收集处理设施建设并监管运营；乡镇政府负责对适度规模经营主体和散户奶农的宣传引导；散户奶农自觉自愿定时直接运送畜禽粪便到收集站；企业具体实施畜禽粪便收集处理，并就畜禽粪便收购做台账记录、费用支付及公示。

二是企业先收集、政府后补助的季度发放机制。实行企业先组织收集畜禽粪便加工利用，政府分季度审核后按季度拨付补助资金的办法。

三是规模收集梯级补贴激励机制。政府将按企业收集处理达成年度目标程度，分级分梯度给予补贴支持。补贴标准主要基于企业以80元/吨价格向农户收购集鲜粪便和保障企业与农户在收集中均受益而不吃亏的原则来确立；全部完成年度收集目标补贴40元/吨、完成年度目标50%以上补贴30元/吨、完成年度目标50%以下补贴20元/吨。收集站职员实行基本工资+绩效激励，即达到月收集目标，则核发基本工资，超额完成月目标按超额数量核发绩效。收集站按照散户运送畜禽粪便的质量，以80～120元/吨差别化的价格进行收购，对于规模养殖场则以80元/吨协议价定期上门收购，支付方式可以按照台账累计记录以季度或年度为单位进行支付。

四是考核奖励激励机制。由市畜牧兽医局牵头成立考核小组，每个季度末对企业上报的畜禽粪便收集处理台账进行抽查、审核和确认，然后由市财政局根据考核结果拨付补助资金。并对畜禽粪便收集处理取得良好效果的企业，及时给予物化或精神奖励激励，或将一些试验示范项目优先安排到企业，促进畜禽粪便收集处理的可持续发展。

2 洱海流域订单引领型农田清洁生产高效推广模式运行机制

2.1 洱海流域订单引领型农田清洁生产高效推广组织模式

在洱海流域，可以顺利地开展农田清洁生产任务，其高效的组织模式应当且必须是责权利明确的组织模式。组织结构中要素各方在良好运行机制的配合下，围绕奶牛粪便资源化产品（即农家堆肥产品、商用有机肥产品和菇用基质产品）在农田清洁生产和双孢菇生产的产前、产中和产后全过程各环节，既直接承担各自角色的使命责任，又发挥协同效应，保障组织模式的运作向着农业面源污染规模化防控目标发展。因此，基于对洱海流域农田种植业清洁生产成本效益精准分析和对不同农业经营主体愿望与诉求调研分析，通过课题组全体科研人员的共同努力，研究提出了洱海流域企业—农民主体（含小农、规模经营者）订单引领型农田清洁生产高效推广组织模式。

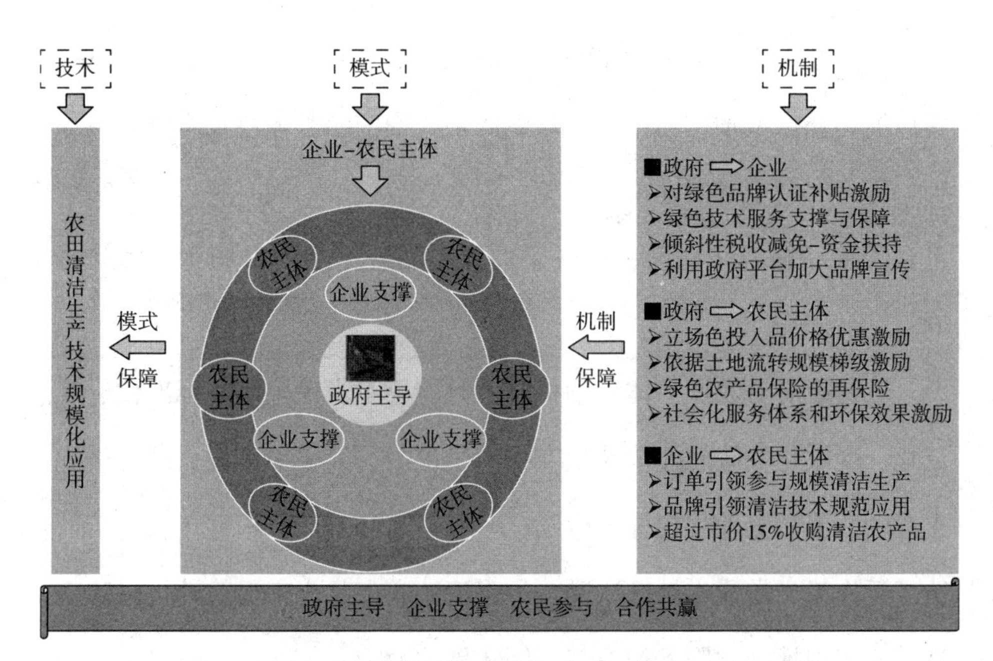

图5-2　订单引领型农田清洁生产高效推广组织模式及运行机制

2.2　运行机制

该农田清洁生产高效推广组织模式运行机制，包括以下七方面。

一是各级政府及相关部门主导、企业支撑、农民主体协同参与机制。各级政府部门通过政策主导，鼓励涉农企业牵头，其他不同规模农业经营者协同参与，形成“污染防控—绿色发展—合作共赢”的各方利益连接共同体，推进农田清洁生产规模经营可持续绿色发展模式。

二是政府对企业激励机制。政府要对清洁生产企业给予绿色品牌认证和补贴激励，在企业清洁生产全过程中给予绿色技术服务支撑与保障，并给予倾斜性税收减免—资金财政扶持，同时利用政府宣传平台加大品牌宣传力度，促进企业绿色品牌产品的市场竞争力与影响力。

三是政府对农民主体激励机制。政府要对农民主体在标准化、规范化、规模化实施农业清洁生产技术过程中，给予绿色投入品价格优惠激励、流转土地规模梯级激励、对农田清洁生产技术宣传教育培训给予运作或交易成本补贴激励、加强清洁农产品生产保险的再保险支持和其实现社会化服务规模与环保效果的激励。

四是企业对农民主体激励机制。企业通过订单引领农民主体参与规模清洁生产，品牌引领清洁技术规范应用，以高于市价15%收购清洁农产品（15%的取值标准，一方面出于确保参与清洁生产农民的环保努力付出，应该享有绿色产品的溢价，另一方面是考虑企业自身经济上的承受能力），让参与清洁农业规模化实践的农民主体共同分享清洁生产的红利。转出土地散户在获得土地租金的同时，享受随时优先雇工获得工资收入的权利。

五是规模环保效果、社会化服务奖励、激励机制。针对农田清洁生产技术规模化应用面积所达成的环保效果给予奖励、激励支持；同时，规模化经营并不能全面取代小农经营，需要依据服务面积或服务小农总量，围绕规模经营主体对小农所开展的社会化服务，给予其社会化服务奖励激励，积极带动、引导和协助小农一同迈入绿色农业发展轨道。

3 农业面源污染规模化防控运行机制政策建议

3.1 强化适度规模经营主体实施环保行动与实现环保效果的激励机制

①梯级补贴激励——依据养殖粪便规模收集达成目标、种植土地流转规模；

②价格优惠激励——绿色农业投入品使用；

③成本补贴激励——农业清洁生产技术宣传教育培训运作；

④保险再保险激励——对自愿参与清洁生产并参保农业保险的主体给予再保险支持；

⑤社会化服务和环保效果激励——基于实现的社会化服务规模和环保效果的奖励。

3.2　强化适度规模经营硬件（场地/设施）软件（品牌与市场）扶持政策

（1）硬件方面：

①强化粪污适度集中规模化堆放/处理场地、规模养殖场地等支持；

②强化对规模种植在收粮晒场、仓储和农业机械库房等场地特许支持；

③给予用水用电农价倾斜，鼓励对非基本农田、村头荒地等的利用。

（2）软件方面：

在绿色品牌质量安全认证、品牌战略、市场营销方面的引领激励支持。

3.3　促进洱海流域农业面源污染规模化防控全面、系统化政策建议

3.3.1　要强化环保农业补贴支持政策立法化

我国还没有专门的生态补偿立法，有关生态补偿的规定分散在多

部法律中，但还多停留在方向、引导层面上，并无具体的规定，缺乏系统性和可操作性。为打赢农业面源污染防控治理攻坚战，部分地方政府先行出台了自己的生态补偿条例、办法，如江苏省、浙江省等。鉴于洱海流域农业面源污染的严峻形式，云南省及大理州政府也可以先行出台环保农业技术、措施实践的生态转移补偿条例或办法，以这样的方式将补贴支持固定下来，巩固环境保护效果和可持续的环保行动。

3.3.2 农业面源污染防控（人）才支持政策

洱海流域散养农户和小农种植户文化水平整体不高，接受新理念新技术意识和能力不强。因此，需要强化对当地农村专业环保农业人才的培育，积极通过多种形式，对当地涉农不同主体，强化生态环境保护技术知识的培训、环保技术应用技能技巧的指导和应用效果的宣传，全面促进农业面源污染防控观念共识的形成、治污技术知识的普及、技术实践应用能力的提高。如：牛粪的资源化处理可能涉及垫料管理、一些专用工具或设备使用等，要求奶农具有一定的专业化知识。一旦奶农掌握这样的技能，可吸引他们持续使用除污设备和粪污清洁化管理，更积极地配合企业全面开展养殖粪污清洁化、资源化的处理与利用，在实实在在感受到环保实践的方便性和好处过程中，增进他们自觉的环境保护行为。

3.3.3 强化农业面源污染防控财政倾斜扶持激励政策

强化适度规模养殖户和散养户在粪污适度集中规模化处理设施、维护和技术升级等方面给予信贷、资金担保的支持力度。技术升级支持，如奶牛防疫技术、品种改良（优先持续提供冻精）技术和清洁饲喂技术等资金投入（包括技术免费统一指导）上倾斜，免费牧草种子和补贴50%青储玉米种子费用。

①对收购规模化养殖场牛奶的乳品企业和收购牛粪的肥料企业给予减免税、无息低息贷款等优惠支持；

②强化适度规模种植户（龙头企业、合作社、大户和家庭农场）在土地流转费、生产环节投入、产业链延伸、绿色认证等各个经营环节的信贷、免息低息或贴息等形式的资金支持力度；

③强化清洁种养技术推广中必有的交易成本投入补贴激励支持。如集中式课堂培训、田间地头现场观摩和发放技术应用规范与效果等宣传手册、明白纸等运作成本相关费用；

④强化规模种养过程中，对绿色农业投入品（如有机肥、低毒低残留生物农药、杀虫灯、防虫板等等）的价格优惠和用水用电价格倾斜支持激励；

⑤强化适度规模经营中订单收益风险再保障支持。无论是适度规模清洁养殖（包括托牛所）还是适度规模清洁种植，鼓励各参与主体

参加保险的同时，国家要给予订单保险的再保险支持（再保险是国际通行的做法）。依法依规维护清洁种养者们的切身利益。

3.3.4 农业面源污染防控基础设施建设（物）等扶持政策

要实现农业面源污染规模化防控，离不开发展适度规模清洁种植和清洁养殖，而与规模经营配套的相关土地资源的支持是关键。

①增强对适度规模养殖场地、粪便堆放池、机械挤奶厂房和散养户粪污适度集中规模化处理场地（土地资源）的支持;

②强化种植业适度规模经营主体对基本建设用地需求在收粮晒场、粮食仓储和农业机械库房等空间场地的特许支持;

③各级政府应加快出台符合当时实际且操作性强的全方位的扶持政策。如通过倾斜政策鼓励非基本农田、村头荒地等资源的利用。只有在硬件上做到规模化，才可能实现清洁种养的适度规模化、标准化与升级发展。

3.3.5 区域绿色认证农产品品牌创建与市场无缝对接扶持政策

农业面源污染的规模化防控与治理，离不开生产方式的转型、升级、改变和清洁农业（绿色）技术的持续应用，更离不开绿色市场和绿色消费。只有环保的农业方式产出的绿色产品与消费市场形成良性通络，环保农业方式方可持续践行。因此，需要政府利用宣传平台进行大力宣传，提升绿色品牌产品市场竞争力和影响力；在环保农产品地域的品牌创建认证、绿色品牌发展战略、全国乃至国际市场通络开发等方面的引领激励和支持，将地方品牌发展纳入地方法律法规，为品牌发展提供保障与持续动力。如优先利用信息技术、物联网+平台为其提供市场通路支持，降低交易成本，让清洁种养规模经营者和农业废弃物清洁资源化处理者（如肥料企业）更多地获得绿色环保产品溢价，真正体现生态环境保护中“谁保护谁受益”的原则。

3.3.6 强化规模环保效果的奖励激励政策

要有计划地开展对所有参与洱海环境保护的涉农适度集中规模经营主体（包括种养企业、合作社、种植大户、家庭农场）所创造的经济效益、环保效益和社会效益进行绿色经营考核评估。基于清洁生产效果的评价，对效益好的规模户给予及时物化奖励激励和各种媒介大力宣传可达到的精神激励，起到对大众环保行为的引导和引领作用。

如政府的示范项目可优先纳入这样的规模经营主体开展，通过项目形式给予他们可持续发展的再支持，这也是国际上通行或普遍的激励做法。再比如基于洱海流域，特别是对既保护了散养户权利，又实现了适度规模养殖的新型适度规模经营主体（托牛所）、专业的养殖粪污清洁化资源化处理企业（如大理顺丰）和农田清洁生产规模经营企业（如洱源玉食）等主体，在对其所创造的经济效益、环境效益和社会效益评估达标后，给予其实现规模环保效益的奖励和激励。

3.3.7 强化规模经营主体社会化服务行动、效果激励支持政策

各级政府在鼓励支持规模经营主体为小农们提供社会化服务（专用机械租赁服务或其他农事农技服务）获得相应服务报酬的同时，可基于他们服务的范围和效果给予物化或精神奖励激励。

适度规模经营是我国农业发展倡导的方向，但基于我国小农经营（包括散养、一家一户的土地种植）与规模经营将会长期并存的国情，绿色农业生产所需要的硬件（设备、资金等）、软件（技能、观念、品牌与市场等等）都是小农们难以逾越的障碍，需通过社会化服务的带动，将小农们积极的环保意愿变为行动，让小农一起迈入绿色农业发展的轨道，以最终实现我国农业绿色发展的总目标。

3.3.8 强化种养小农经营者转岗就业生计保障支持政策

一是要加大土地流转农户转岗就业生计保障支持。当地农户收入对土地依赖程度高、收入低、非农就业机会少，加之受教育程度普遍偏低，即便进城务工就业也是工资水平低、就业稳定不足的情况，需要政府提供更多的就业技能培训。

二是要加大散养奶农转岗就业生计保障支持。在依托市场逐步淘汰奶牛散养模式的过程中，通过市场化低质低价行动，对不参与适度规模养殖方式的散户养殖实行自我淘汰。要对不再从事散养的奶农给予免费就业技能、知识培训和转岗期生计等保障支持，帮助他们尽快实现再就业。

三是要强化转岗老农生活福祉的社会保障。农业劳动力老龄化是全国普遍的问题，在洱海流域少数民族聚集区，农业劳动力老龄化更为突出，要对转出土地的农户提供完善的社会保障，保证老有所依，有助于促进土地流转。

3.3.9 责任追究与监督惩罚政策

在强化环保农业实践台账记录的基础上，强化农业清洁技术应用全过程各环节严格的痕迹监督与管理，对没有按标准、规范和既定计划严格实施和操作的经营主体给予取消相关激励支持、优惠待遇，特别是取消后续与政府委托的科技示范项目的合作。

参考文献

[1] Wigboldus S，Klerkx L，Leeuwis C，et al. Systemic perspectives on scaling agricultural innovations. A review[J]. Agronomy for Sustainable Development，2016，36（3）：46.

[2] Lindsey S，Michael R L. A Long-Term Analysis of Changes in Farm Size and Financial Performance[J]. Selected Paper prepared for Presentation at the Southern Agricultural Economics Annual Meeting，2009：1-20.

[3] USEPA. NPDES Permit Writers' Manual for Concentrated Animal Feeding Operations[R]. 2016.

[4] Atwood J A，Helmers G A，Shaik S. Farm and Nonfarm Factors Influencing Farm Size[J]. Saleem Shaik，2002：2-16.

[5] Fan S，Chan-Kang C. Is small beautiful? Farm size，productivity，and poverty in Asian Agriculture[J]. Agricultural Economics，2005，32（Supplement s1）：135 - 146.

[6] Michael J R，Nigel K . Risk and Structural Change in Agriculture：How Income Shocks

Influence Farm Size[J]. Paper prepared for presentation at the Annual Meeting of the AAEA，2005：1–35.

[7] Dolev Y，Kimhi A. Does Farm Size Really Converge? The Role of Unobserved Farm Efficiency[J]. Discussion Papers，2008.

[8] Wachenheim C，Lesch W. Public Views on Family and Corporate Farms[J]. Journal of Agricultural & Food Information，2002，4（2）：43–60.

[9] Thenail C，Baudry J. Farm riparian land use and management：driving factors and tensions between technical and ecological functions[J]. Environmental Management，2005，36（5）：640.

[10] Lieshout M V，Dewulf A，Aarts N，et al. Framing scale increase in Dutch agricultural policy 1950 - 2012[J]. NJAS – Wageningen Journal of Life Sciences，2013，s 64 - 65（3）：35–46.

[11] Luo L G，Wang Y，Qin L H. Incentives for Promoting Agricultural Clean Production Technologies in China[J]. Journal of Cleaner Production，2014，74（7）：54–61.

[12] Fuglie K. O. ，Kascak C. A. Adoption and Diffusion of Natural–Resource–Conserving AgriculturalTechnology[J]. Review of Agricultural Economics，2011，23（2）：386–403

[13] Arrow K J，Solow R，Portney P R，et al. Report of the NOAA panel on Contingent Valuation [J]. Federal Register，1993，58（3）：48–56.

[14] Carson R T. Contingent valuation：a user's guide [J]. Environmental Science & Technology，2000，34（8）：1413–1418.

[15] Wang K, Wu J, Wang R, et al. Analysis of residents' willingness to pay to reduce air pollution to improve children's health in community and hospital settings in Shanghai, China [J]. Science of the Total Environment, 2015, (533): 283–289.

[16] Lo A Y, Jim C Y. Protest response and willingness to pay for culturally significant urban trees: Implications for Contingent Valuation Method. Ecological Economics, 2015, 114: 58–66.

[17] Arrow K J, Solow R, Portney P R, et al. Report of the NOAA panel on Contingent Valuation. Federal Register, 1993, 58 (3): 48–56.

[18] Luo L G, Qin L H, Wang Y. Environmentally–friendly agricultural practices and their acceptance by smallholder farmers in China—A case study in Xinxiang County, Henan province. Science of the Total Environment, 2016, 571: 737 - 743.

[19] Venkatachalam L. The contingent valuation method: a review [J]. Environmental Impact Assessment Review, 2004, 24 (1): 89–124.

[20] Ferreira S, Marques R C. Contingent valuation method applied to waste management [J]. Resources, Conservation and Recycling, 2015, 99: 111–117.

[21] Davis R K. Recreation planning as an economic problem [J]. Natural Resources Journal, 1963, (3): 239–249.

[22] Mitchell R C, Carson R T. Using Surveys to Value Public Goods: The Contingent Valuation Method. Washington, D. C.: Resources for the Future, 1989.

[23] Arrow K J, Solow R, Portney P R, et al. Report of the NOAA panel on Contingent

Valuation [J]. Federal Register，1993，58（3）：48–56.

[24] Lee C K，Han S Y. Estimating the use and preservation values of national parks' tourism resources using a contingent valuation method [J]. Tourism Management，2002，23（5）：531–540.

[25] Nomura N，Akai M. Willingness to pay for green electricity in Japan as estimated through contingent valuation method [J]. Applied Energy，2004，78（4）：453–463.

[26] Lee C，Mjelde J W. Valuation of ecotourism resources using a contingent valuation method：The case of the Korean DMZ[J]. Ecological Economics，2007，63（2–3）：511–520.

[27] Whitehead J C，Haab T C. Contingent Valuation Method [J]. Encyclopedia of Energy Natural Resource & Environmental Economics，2013：334–341.

[28] Giuliano M，Roberto R. Use of the Contingent Valuation Method in the assessment of a landfill mining project [J]. Waste Management，2014，34（7）：1199–1205.

[29] Gelo D，Koch S F. Contingent valuation of community forestry programs in Ethiopia：Controlling for preference anomalies in double–bounded CVM [J]. Ecological Economics，2015，114：79–89.

[30] Jala，Nandagiri L. Evaluation of Economic Value of Pilikula Lake using Travel Cost and Contingent Valuation Methods [J]. Aquatic Procedia，2015，（4）：1315–1321.

[31] Carson R T. Contingent valuation：a user's guide[J]. Environmental Science & Technology，2000，34（8）：1413–1418.

[32] Meyerhoff J，Liebe U. Determinants of protest responses in environmental valuation：A meta–study[J]. Ecological Economics，2010，70：366–374.

[33] Jorgensen B S，Syme G J，Bishop B J，et al. Protest Responses in Contingent Valuation[J]. Environmental and Resource Economics ，1999，14：131–150.

[34] Benjamin R，Mordechai S. Incorporating zero values in the economic valuation of environmental program benefits[J]. Environmetrics，1999，10：87–101.

[35] Jorgensen B S，Syme G J. Protest responses and willingness to pay：attitude toward paying for stormwater pollution abatement[J]. Ecological Economics，2000，33：251–265.

[36] Green D，Jacowitz K E，Kahneman D，et al. . Referendum contingent valuation，anchoring，and willingness to pay for public goods[J]. Resource and Energy Economics，1998，20：85–116.

[37] Grossman，G. M. and Krueger，A. B. Environmental Impacts of a North American Free Trade Agreement[J]，National Bureau of Economic Research Working Paper ，New York：NBER，1991：3914

[38] Shafik N and Bandyopadhyay S. Economic Growth and Environmental Quality：Time–series and Cross–country Evidences，background paper for World Development Report，Washington DC：World Bank，1992.

[39] Panayotou，T. Empirical Tests and Policy Analysis of Environmental Degradation at Different Stages of Economic Development[J]. Technology and Employment Program，Geneva：International Labor Office，1993.

[40] 曹洪华，王荣成，李琳. 基于DID模型的洱海流域生态农业政策效应研究[J]. 中国人口·资源与环境，2014，24（10）：157–162.

[41] 唐忠. 对发展农业产业化经营的几点认识[J]. 中国农村金融，1999（3）：1–2.

[42] 李伟娜. 中国发展农业规模化经营的难点与对策研究[D]. 辽宁大学，2012.

[43] 徐玲. 美国和日本农业规模化经营管理对我国借鉴与启示[J]. 农业经济，2017（4）：9–11.

[44] 朱立志，陈金宝. 郎溪县家庭农场12年的探索与思考[J]. 中国农业信息，2013（14）：12–16.

[45] 王秀芳，于树胜，李维军. 河北省农区户养肉牛适度规模及发展问题探讨[J]. 农业经济，2000（8）：28–29.

[46] 王金明. 酒泉市肃州区城郊奶牛业适度规模初探[D]. 甘肃农业大学，2004.

[47] 徐恢仲，廖丹，熊廷奎，等. 肉牛养殖经济效益调查分析与养殖适度规模的探讨[J]. 畜牧市场，2004（8）：22–24.

[48] 罗必良. 农地经营规模的效率决定[J]. 中国农村观察，2000（5）：18–24.

[49] 林善浪. 农村土地规模经营的效率评价[J]. 当代经济研究，2000（2）：37–43.

[50] 张忠明. 农户粮地经营规模效率研究——以吉林省玉米生产为例[D]. 浙江大学，2008.

[51] 黄季焜，马恒运. 差在经营规模上——中国主要农产品生产成本国际比较[J]. 国际贸易，2000（4）：41–44.

[52] 赵旭强，韩克勇. 试论农业规模化经营及其国际经验和启示[J]. 福建论坛（人文

社会科学版），2006（8）：24–27.

[53] 罗良国，杨世琦，张庆忠，等. 国内外农业清洁生产实践与探索[J]. 农业经济问题，2009（12）：18–24.

[54] 顾峰雪，郝卫平，罗良国，等. 养殖户环保技术应用补贴标准与方法的初步分析[J]. 农业环境与发展，2011（6）：46–48.

[55] 罗良国，王艳，秦丽欢，等. 国外农业清洁生产政策法规综述[J]. 农业资源与环境学报，2011，28（6）：41–45.

[56] 张红宇. 现代农业与适度规模经营[J]. 农村经济，2012（5）：3–6.

[57] 张彪. 多功能引导下的农业规模经济和范围经济实现模式[J]. 农业经济，2016（3）：28–29.

[58] 肖艳丽. 推进多元化农业适度规模经营路径研究[J]. 当代经济管理，2017，39（1）：41–44.

[59] 韩洪云，杨增旭. 农户测土配方施肥技术采纳行为研究——基于山东省枣庄市薛城区农户调研数据[J]. 中国农业科学，2011，44（23）：4962–4970.

[60] 李莎莎，朱一鸣. 农户持续性使用测土配方行为分析——以11省2172个农户调研数据为例[J]. 华中农业大学学报（社会科学版），2016（4）：53–58

[61] 曾伟，潘扬彬，李腊梅. 农户采用环境友好型农药行为的影响因素研究——对山东蔬菜主产区的实证分析[J]. 中国农学通报，2016，32（23）：199–204.

[62] 刘志坤. 关于农业适度规模经营状况的调查与思考[J]. 基层农技推广，2015（8）：49–52.

[63] 赵晓峰，刘威. “家庭农场+合作社”：农业生产经营组织体制创新的理想模式及其功能分析[J]. 当代农村财经，2014（7）：21-27.

[64] 钱克明，彭廷军. 我国农户粮食生产适度规模的经济学分析[J]. 农业经济问题，2014，35（3）：4-7.

[65] 田晓玉. 中原地区农村适度规模经营与土地流转研究[D]. 河南农业大学，2012.

[66] 张忠明. 农户粮地经营规模效率研究——以吉林省玉米生产为例[D]. 浙江大学，2008.

[67] 马增林，余志刚. 不同社会经济目标下的黑龙江省土地适度经营规模实证研究[J]. 商业研究，2012（9）：145-150.

[68] 何宏莲，韩学平，姚亮. 黑龙江省农地规模经营制度性影响因素分析[J]. 东北农业大学学报（社会科学版），2011（6）：14-17.

[69] 曹建华，王红英，黄小梅. 农村土地流转的供求意愿及其流转效率的评价研究[J]. 中国土地科学，2007，21（5）：54-60.

[70] 陈洁，刘锐，张建伦. 安徽省种粮大户调查报告——基于怀宁县、枞阳县的调查[J]. 中国农村观察，2009（4）：2-12.

[71] 杨钢桥，胡柳，汪文雄. 农户耕地经营适度规模及其绩效研究——基于湖北6县市农户调查的实证分析[J]. 资源科学，2011，33（3）：505-512.

[72] 卫新，毛小报，王美清. 浙江省农户土地规模经营实证分析[J]. 中国农村经济，2003（10）：31-36.

[73] 胡初枝，黄贤金，张力军. 农户农地流转的福利经济效果分析——基于农户调

查的分析[J]. 经济问题探索，2008（1）：184–186.

[74] 王征兵. 机会成本下的水稻合理种植规模研究—以江西省抚州市临川区何岭村为例[J]. 农村经济，2011（3）：9–11.

[75] 杨李红. 宜春市袁州区农地适度经营规模测度模型研究[J]. 江西农业学报，2010，22（5）：170–172.

[76] 杨林章，施卫明，薛利红，宋祥甫，王慎强，常志州. 农村面源污染治理的“4R”理论与工程实践——总体思路与“4R”治理技术[J]. 农业环境科学学报，2013，32（01）：1–8.

[77] 赵永宏，邓祥征，战金艳，等. 我国农业面源污染的现状与控制技术研究[J]. 安徽农业科学，2010，38（5）：2548–2552.

[78] 张晓娟. 洱海流域养殖业污染概况及防治对策浅探[J]. 中国畜牧兽医文摘，2017，33（6）：29.

[79] 云南统计局. 《云南统计年鉴》[M]. 北京：中国统计出版社，2016.

[80] 王聪聪，蒋永宁，孙业兴，等. 供给侧改革推动云南奶业发展. 现代商业，2016，26：28–29.

[81] 潘云祥. 洱海流域养殖业污染概况及防治对策浅析[J]. 云南畜牧兽医，2005（4）：17–18.

[82] 杨怀钦，杨友仁，李树清，等. 洱海流域农业面源污染控制对策建议[J]. 农业资源与环境学报，2007，24（5）：74–77.

[83] 汤秋香. 洱海流域环境友好型种植模式及作用机理研究[D]. 北京：中国农业科

学院，2011.

[84] 李伯华，窦银娣，刘沛林. 欠发达地区农户人居环境建设的支付意愿及影响因素分析——以红安县个案为例[J]. 农业经济问题，2011，（4）：74–80.

[85] 周晨，李国平. 流域生态补偿的支付意愿及影响因素——以南水北调中线工程受水区郑州市为例. 经济地理，2015，35（6）：38–46.

[86] 喻永红. 退耕还林生态补偿标准研究综述. 生态经济，2014，30（7）：48–51.

[87] 俞海，任勇. 流域生态补偿机制的关键问题分析：以南水北调中线水源涵养区为例. 资源科学，2007，29（2）：28–33.

[88] 杨怀钦，杨友仁，李树清，等. 洱海流域农业面源污染控制对策建议[J]. 农业资源与环境学报，2007，24（5）：74–77.

[89] 龚琦，王雅鹏，董利民. 基于云南洱海流域水污染控制的多目标农业产业结构优化研究[J]. 农业现代化究，2010，31（4）：475–478.

[90] 刘志坤. 关于农业适度规模经营状况的调查与思考[J]. 基层农技推广，2015（8）：49–52.

[91] 翟慧卿，吕萍. 农业产业链理论研究综述[J]. 甘肃农业，2010（11）：22–23，25.

[92] 刘培财. 保护性施肥对洱海北部农田氮素流失及作物产量的影响[D]. 北京：中国农业科学院，2011.

[93] 姚洋. 重新认识小农经济[OL]. http：//chuansong. me/n/1610469744411. 2017–4–18.

[94] 韩俊. 土地政策：从小规模均田制走向适度规模经营[J]. 调研世界，1998（5）：8–9.

[95] 许庆，尹荣，梁章辉. 规模经济、规模报酬与农业适度规模经营[J]. 经济研究，2011（3）：59–71，94.

[96] 陈锡文. 构建新型农业经营体系刻不容缓[J]. 求是，2013（22）：38–41.

[97] 张红宇，王乐君，李迎宾，等. 关于深化农村土地制度改革需要关注的若干问题[J]. 中国党政干部论坛，2014（6）：13–17.

[98] 李文明，罗丹，陈洁，等. 农业适度规模经营：规模效益、产出水平与生产成本--基于1552个水稻种植户 的调查数据[J]. 中国农村经济，2015（3）：4–17.

[99] 黄惠英. 中国有机农业及其产业发展化研究[D]. 成都：西南财经大学，2013.

[100] 接玉梅，葛颜祥，徐光丽. 黄河下游农村居民生态补偿认知程度及支付意愿分析——基于对山东省的问卷调查[J]. 农业经济问题，2011，（8）：95–101.

[101] 陈琳，欧阳志云，王效科，等. 条件价值评估法在非市场价值评估中的应用[J]. 生态学报，2006，26（2）：610–619

[102] 徐中民，张志强，程国栋，等. 额济纳旗生态系统恢复的总经济价值评估[J]. 地理学报，2002，57（1）：107–116.

[103] 张志强，徐中民，程国栋，等. 黑河流域张掖地区生态系统服务恢复的条件价值评估[J]. 生态学报，2002，22（6）：885–893.

[104] 黄蕾，段百灵，袁增伟，等. 湖泊生态系统服务功能支付意愿的影响因素——以洪泽湖为例[J]. 生态学报，2010，30（2）：0487–0497.

[105] 赵军，杨凯. 上海城市内河生态系统服务的条件价值评估[J]. 环境科学研究，2004，17（2）：49–52.

[106] 赵军，杨凯，邰俊，等. 上海城市河流生态系统服务的支付意愿[J]. 环境科学，2005，26（2）：5-10.

[107] 郑海霞，张陆彪，涂勤. 金华江流域生态服务补偿支付意愿及其影响因素分析[J]. 资源科学，2010，32（4）：761-767.

[108] 梁爽，姜楠，谷树忠. 城市水源地农户环境保护支付意愿及其影响因素分析——以首都水源地密云为例[J]. 中国农村经济，2005（2）：55-60.

[109] 孙世民，张媛媛，张健如. 基于 Logit-ISM 模型的养猪场（户）良好质量安全行为实施意愿影响因素的实证分析[J]. 中国农村经济，2012（10）：24-35.

[110] 黄蕾，段百灵，袁增伟，等. 湖泊生态系统服务功能支付意愿的影响因素——以洪泽湖为例[J]. 生态学报，2010，30（2）：0487-0497.

[111] 宋金田，祁春节. 农户农业技术需求影响因素分析术——基于契约视角[J]. 中国农村观察，2013（6）：52-59.

[112] 戴小廷，杨建州. 森林环境资源改善居民居住环境服务支付意愿及影响因素分析——以武夷山自然保护区为例[J]. 西北林学院学报，2014，29（6）：282-287.

[113] 梁增芳，肖新成，倪九派. 三峡库区农村生活垃圾处理支付意愿及影响因素分析[J]. 环境污染与防治，2014，36（9）：100-110.

[114] 张颖，倪婧婕. 森林生物多样性支付意愿影响因素及价值评估——以甘肃省迭部县为例[J]. 湖南农业大学学报（社会科学版），2014，15（5）：89-94.

[115] 周晨，李国平. 流域生态补偿的支付意愿及影响因素——以南水北调中线工程受水区郑州市为例[J]. 经济地理，2015，35（6）：38-46.

[116] 章家清，马甜. 农业面源污染防控支付意愿的影响因素分析——基于江苏省扬州市的调查研究[J]. 安徽农业科学，2015，43（23）：220-223.

[117] 庞皓. 计量经济学[M]. 北京：科学出版社，2010.

[118] 胡建中，刘丽. 农户家庭长期投资行为研究的现状与展望[J]. 西南交通大学学报，2007（2）：108-113.

[119] 顾莉丽. 吉林省农户生猪养殖意愿及其影响因素的实证研究——基于对吉林省237个农户的调查[J]. 中国畜牧杂志，2013（04）：46-50.

[120] 张贺，张越杰. 牛肉销售商合作意愿影响因素分析[J]. 中国畜牧杂志，2016（6）：20-23.

[121] 钟杨，薛建宏. 农户参与生猪保险行为及其影响因素的实证分析——以四川省广元市为例[J]. 中国畜牧杂志，2014（6）：19-24.

[122] 刘希，李彤，权聪娜，等. 我国原料奶生产现状及影响因素分析[J]. 中国畜牧杂志，2015（16）：3-14.

[123] 芦丽静，焦莉莉，孙永珍. 养殖小区模式下农户安全生产行为的影响因素研究——基于对河北、内蒙古两地农户的调查[J]. 中国畜牧杂志，2016（4）：14-19.

[124] 张云华，孔祥智，罗丹. 安全食品供给的契约分析[J]. 农业经济问题，2004（8）：25-28.

[125] 葛继红，周曙东. 农业面源污染的经济影响因素分析——基于1978–2009年的江苏省数据[J]. 中国农村经济，2011（5）：72–81.

[126] 陈美球，肖鹤亮，何维佳，邓爱珍，周丙娟. 耕地流转农户行为影响因素的实证分析——基于江西省1396户农户耕地流转行为现状的调研[J]. 自然资源学报，2008（3）：369–374.

[127] 乌云花，贾璐，许黎莉. 小规模养殖户退出奶业的影响因素实证研究——以呼和浩特周边地区为例[J]. 中国畜牧杂志，2015（24）：49–59.

[128] 王风，高尚宾，杜会英，等. 农业生态补偿标准核算——以洱海流域环境友好型肥料应用为例[J]. 农业环境与发展，2011（4）：115–118.

[129] 时鹏，余劲. 农户生态移民意愿及影响因素研究——以陕西省安康市为例[J]. 中国农业大学学报，2013，18（1）：218–228.